Début d'une série de documents
en couleur

LÉON et MAURICE BONNEFF

—o—

LES MÉTIERS QUI TUENT

Enquête auprès des Syndicats Ouvriers

sur les Maladies professionnelles

Préface de Abel CRAISSAC

Trésorier de la Fédération nationale des Peintres

Membre de la Commission d'Hygiène Industrielle

au Ministère du Commerce

—o—

PARIS

BIBLIOGRAPHIE SOCIALE

19, Rue Servandoni (VIe)

—

1900

Cette brochure a été rééditée en 1930

par l'IMPRIMERIE MEIGNEN & BÉNAZETH

rue Haudaudine. NANTES (L.-Inf.)

Fin d'une série de documents
en couleur

LÉON et MAURICE BONNEFF

LES MÉTIERS QUI TUENT

Enquête auprès des Syndicats Ouvriers
sur les Maladies professionnelles

Préface de Abel CRAISSAC

Trésorier de la Fédération nationale des Peintres

Membre de la Commission d'Hygiène Industrielle

au Ministère du Commerce

PARIS

BIBLIOGRAPHIE SOCIALE

19, Rue Servandoni (VI')

—

1900

PRÉFACE

Au cours de l'élaboration de la loi sur les accidents du travail, l'attention des législateurs fut souvent attirée sur la question des maladies professionnelles. Le prolétariat, las d'être décimé sans protection ni indemnisation, contraignit enfin les gouvernements de sortir de leur indifférence à l'égard de la santé ouvrière. La mortelle céruse, malgré les efforts acharnés de ceux qu'elle enrichit, aura bientôt fini — il est permis de le penser — d'exercer ses ravages parmi les peintres en bâtiment. Mais, à côté du redoutable poison, combien d'autres continuent leur œuvre ! Et dans combien d'industries l'ouvrier est-il exposé à contracter la maladie qui lui enlève sa capacité de travail, quand elle ne lui enlève pas la vie ! C'est pour protéger ces milliers de travailleurs que M. Dubief, ministre du Commerce, déposa en mai dernier un projet de loi sur les maladies professionnelles, restreint pour le début, en vue d'une expérimentation prudente, aux deux intoxications les plus graves : celles du plomb et du mercure.

Le projet du ministre du Commerce est l'immédiate préface d'une loi complète indemnisant non seulement les travailleurs victimes de deux professions insalubres, mais tous ceux dont le métier a endommagé la santé. Il est d'évidente logique que

DEBUT DE PAGINATION

tout employeur dont les travaux ou entreprises ont
porté atteinte aux ouvriers ou employés leur en doit
réparation. Une loi indemnisant les victimes des
industries insalubres aura pour effet immédiat de
mettre à l'abri de la misère noire les ouvriers frappés, et aussi d'assainir ces industries demeurées souvent insalubres par la faute d'une indéracinable routine. Les patrons, en effet, devront payer aux assurances une prime d'autant plus élevée que la profession de leurs ouvriers sera plus malsaine : en diminuant les risques d'intoxication ou de maladies de
leur personnel, les industriels diminueront du même
coup leurs frais d'assurances : la peur de la dépense
est le commencement de la philanthropie.

Pour que l'opinion publique pût exercer une utile
pression sur la lenteur parlementaire, il était bon
qu'elle connût dans leurs détails les ravages que
causent les maladies professionnelles dans le monde
ouvrier. Ce livre vient donc bien à son heure. Ses
aînés sont d'un prix trop élevé pour se prétendre
autre chose que des livres de bibliothèques savantes
ou de laboratoires. Il est véridique, n'exagère,
n'amoindrit rien. L'enquête qu'il résume fut cons-
ciencieuse, ceux qui la documentèrent étaient quali-
fiés à cet effet ; ils parlèrent de ce qu'ils savaient
bien. Puissent « Les Métiers qui tuent » aider le prolétariat dans la lutte qu'il a entreprise pour défendre
sa santé et sa vie.

ABEL CRAISSAC.

ACCIDENTS DU TRAVAIL ET MALADIES PROFESSIONNELLES

La loi sur les accidents du travail date du 9 avril 1898. Bien qu'incomplète, puisqu'elle prive d'indemnités certaines catégories de travailleurs et qu'elle prête à des interprétations diverses, cette loi marqua un progrès dans notre législation ouvrière encore embryonnaire. Il fallut dix-neuf années pour la faire voter ; l'Allemagne, l'Autriche, la Norvège, l'Angleterre, le Danemark, l'Italie eurent leur loi avant nous.

La loi sur les accidents du travail trouve son complément naturel en une loi sur les maladies professionnelles, indemnisant le travailleur dont le métier a pris la santé et mis la vie en danger. Il est monstrueux de laisser un homme jeune et robuste entrer à l'usine afin d'y manipuler les produits toxiques et d'y respirer des poussières nocives pour en sortir, après quelques années, rongé de maladies, le corps usé et vieilli avant l'âge, sans autre ressource que de tendre la main, en attendant que la mort prématurée lui apporte son premier et suprême repos ! La loi de protection ouvrière fonctionne en Suisse depuis 1881. Elle fut modifiée et améliorée en 1887 et en 1901.

En France, MM. Vaillant, député de Paris, et J.-L. Breton, député du Cher, posèrent les premiers la question à la tribune de la Chambre (3 juin et 5 décembre 1901). Le Ministre du commerce en saisit la Commission d'hygiène industrielle et le Comité consultatif des assurances contre les accidents du travail. La première publia les lumineuses études de ses rapporteurs sur les maladies et intoxications professionnelles dont elle dressa la liste. Elle en élimina la *tuberculose*, parce que les causes en sont attribuables aux conditions de vie générale des malades : hygiène défectueuse, logements insalubres, nourriture insuffisante. Les intoxications causées par certains gaz délétères — hydrogène sulfuré ou arsénié — furent écartées également, parce que les atteintes — foudroyantes — de ces gaz ressortissent dès maintenant, sans consteste, de la loi sur les accidents du travail. C'est aussi pour cette raison que ces intoxications n'ont pas été étudiées dans le présent volume.

Enfin, le 16 mai 1905, M. Dubief, ministre du commerce, déposa un projet de loi qui ne s'applique, à titre d'essai, qu'aux intoxications et maladies résultant du plomb et du mercure. Les patrons d'une même industrie insalubre sont *tous* groupés, d'après le projet, en un *syndicat de garantie.* A la charge exclusive de ce syndicat seront portés les cas de

maladies graves ayant un caractère nettement professionnel (provoquant la mort ou l'incapacité *per-
manente* de travail ou l'incapacité *temporaire* d'une
durée supérieure à 30 jours). Toutes les autres maladies dont la durée n'excédera pas 30 jours, quelle
qu'en soit la cause ou l'origine — non professionnelle
même — seront réparées par les cotisations com-
munes des patrons et ouvriers réunis en *mutualités
locales*. Le projet de loi ordonne la création de
comités locaux d'arbitrage, d'un comité central d'arbitrage, d'une commission supérieure des maladies
professionnelles, et reconnaît la compétence de la
Cour de cassation pour trancher en dernier ressort
les différends.

Il fallut près de vingt ans au prolétariat français
pour obtenir la loi sur les accidents du travail. Combien d'années lui faudra-t-il pour obtenir la *loi urgente*
sur les maladies professionnelles, qui préservera la
santé et la vie du travailleur, la santé et la vie de sa
compagne et de sa descendance ? Il nous a semblé
qu'étudier les professions insalubres et en décrire
simplement, sans exagération ni vaine sensiblerie, les
effets sur les ouvriers, serait un moyen d'émouvoir
l'opinion publique et de hâter le vote de la loi. C'est le
but de ce livre. Il nous reste à adresser nos vifs remer-
ciements au citoyen BAUMÉ, secrétaire de l'Union des
Syndicats de la Seine, qui facilita notre enquête, à
l'éminent Dr BREMOND, à notre ami le Dr GOSSELIN,

qui voulurent bien nous aider de leurs conseils, et aux organisations ouvrières suivantes qui nous documentèrent par leurs représentants :

Syndicat des briquetiers-potiers de la Seine. — Chambre syndicale des ouvriers apprêteurs en pelleterie. — Fédération de la chapellerie. — Commission administrative de la Bourse du Travail de Paris. — Syndicat des ouvriers chapeliers. — Syndicat des fondeurs-typographes. — Fédération des ouvriers blanchisseurs. — Syndicat de l'industrie florale de la Seine. — Fédération nationale des peintres. — Chambre syndicale des ouvriers et ouvrières en pelleterie. — Chambre syndicale des ouvriers caoutchoutiers de la Seine. — La Coopérative « La Brosserie parisienne ». — Syndicat des égoutiers de Paris. — Trieurs et emballeurs de chiffons de la Seine. — Syndicat des teinturiers dégraisseurs de la Seine. — Mégissiers de la Seine. — Chambre syndicale des potiers d'étain de la Seine — Syndicat de la dorure chimique. — Fédération nationale de la céramique, à Limoges. — Syndicat des imprimeurs à la planche (papiers peints). — Bourse du travail de Saint-Denis. — Syndicat des naturalistes taxidermistes.

L'expression de notre reconnaissance va aussi à tous ceux — ouvriers et secrétaires de syndicats — qui nous aidèrent et dont le nom ne saurait être écrit en tête de cet ouvrage sans attirer sur eux la disgrâce patronale.

LES POISONS DE L'INDUSTRIE

L'EMPOISONNEMENT PAR LE PLOMB ET SES COMPOSÉS

Céruse. — Minium. — Litharge. — Poussières et vapeurs de plomb

Le plus néfaste des poisons industriels est le plomb. M. le docteur Layet, professeur à la Faculté de médecine de Bordeaux et correspondant de l'Académie de Médecine, évalue à **cent trente-huit** les corporations atteintes par l'intoxication saturnine. A l'état solide, sous forme de vapeurs, de poussières, de combinaisons, le plomb est dangereux.

Des boulangers et des pâtissiers s'étant servi, pour la cuisson, de bois peints avec des couleurs à base de plomb, intoxiquèrent leurs ouvriers et leurs clients.

Le nombre des travailleurs victimes du métal-poison est considérable.

Nous commençons cette étude des poisons de l'industrie par le blanc de céruse, le plus meurtrier des sels plombiques.

Le Blanc de Céruse

Le blanc de céruse est un carbonate de plomb, résultat de la combinaison de l'acide carbonique avec l'oxyde de plomb.

Les usages en sont fort nombreux : il est surtout employé dans la peinture en bâtiment, la fabrication du mastic, des vernis, le papier peint, l'imagerie, le blanchiment de la dentelle. Il exerce en premier lieu ses terribles ravages parmi les ouvriers *cérusiers* qui le fabriquent, et surtout parmi les peintres en bâtiment.

Le blanc de céruse s'obtient en décomposant un acétate de plomb par l'acide carbonique. Il se présente sous forme d'une masse compacte qu'il faut réduire en poudre. Cette opération, *le broyage*, répandait autrefois dans l'atmosphère une grande quantité de poussière de céruse. Le danger était terrible pour les cérusiers, et les victimes si nombreuses, que l'on proposa jadis d'employer des forçats à cette besogne. On considérait alors que l'un des plus graves châtiments d'un criminel était le travail dans une fabrique de céruse.

Aujourd'hui, la céruse en poudre est recueillie sous la vapeur d'eau, et le dégagement de poussière nocive est ainsi diminué.

Cependant il ne faudrait pas croire que l'ouvrier cérusier est entièrement préservé. Mais les fabricants de céruse prennent les plus grandes précautions pour que le nombre des malades ne soit point connu du public. Un contrôle minutieux est exercé sur les ouvriers ; ceux qui manifestent les premiers symptômes d'intoxication sont renvoyés, soignés quelque temps à domicile, et non dans les hôpitaux où l'on tient registre des affections constatées.

Mais si l'on n'est point renseigné exactement sur le chiffre des victimes de la fabrique, on sait combien de milliers de peintres en bâtiment son décimés par la céruse.

Action de la Céruse sur l'estomac et le cerveau

Le blanc de céruse, se présentant à l'état de poussière, pénètre facilement dans les organes de la digestion et de la respiration. Mêlée aux huiles pour former la peinture ou le mastic, la céruse conserve son état pulvérulent ; des particules se détachent du mélange au moment du travail et sont absorbées par l'organisme. Quand l'ouvrier peintre pratique le *ponçage* ou le *grattage,* c'est-à-dire lorsqu'à l'aide de la pierre ponce il enlève les anciennes peintures pour les remplacer par des couches nouvelles, la poussière s'élève en véritable brouillard, emplit les fosses nasales et la bouche de l'ouvrier, parcourt le tube digestif jusqu'à l'estomac.

Les muqueuses de cet organe sécrètent un liquide qui exerce une grande action sur les aliments : *le suc gastrique.* Le suc gastrique dissout la poussière de céruse, qui se trouve alors incorporée aux matières alimentaires et parcourt avec elles tout le canal digestif. Mais déjà le poison, dans l'estomac et les intestins, exerce ses ravages: attaquant les muqueuses, il produit les douleurs atroces appelées *coliques de plomb.* Le langage populaire a dénommé cette maladie d'un vocable significatif : les coliques de miserere, *ayez pitié de moi.* Et de fait, celui qui a assisté à une crise de *miserere,* n'en oublie jamais l'horrible vision : le corps du patient tordu par la souffrance, le malheureux se roulant par terre comme un épileptique, poussant des cris déchirants, les yeux hagards, le visage congestionné, les mains crispées : il lui semble qu'une lourde masse de plomb descend lentement en lui, lui déchire, broie ses organes. C'est une vision de l'enfer dantesque.

La mortelle céruse poursuit sa route à travers l'organisme, elle s'attaque au foie dont elle supprime la sécrétion biliaire, elle provoque chez le malade une constipation rebelle que seul un purgatif « de cheval » parvient à vaincre momentanément. Puis le saturnin perd l'appétit, et le robuste ouvrier, jeune et naguère plein de santé, dépérit, ne peut plus absorber que du bouillon ou du lait. Son visage devient jaunâtre ; sur les gencives, à la base des dents, on aperçoit un filet noirâtre, connu sous le nom de *liseré gengival* ou *plombique*, signe caractéristique de l'empoisonnement saturnin. La céruse est alors mêlée au sang.

Un homme en état de santé normale possède environ 5 millions de globules rouges par millimètre cube de sang, dit M. le professeur Layet (conférence du 15 janvier 1903). Après cinq ans de métier, le peintre n'en a plus que 3 millions 700.000. Au bout de vingt ans, il n'en a plus que 2 millions 600.000. Après trente ans, ce nombre est descendu à 2 millions 200.000 chez les rares ouvriers qui peuvent exercer aussi longtemps. Or, les globules forment le principe vital du sang ; ce sont eux qui réparent les tissus des organes, qui donnent à l'homme la force de résister à la maladie. Les globules, en diminuant, diminuent donc d'autant la vitalité de l'ouvrier peintre ; ceux qui demeurent dans son sang perdent leur action régénératrice.

Digérée en quelque sorte, la céruse, après avoir accompli le parcours du tube digestif, se fixe dans les organes : le cœur, les muscles, le cerveau, le foie, les reins. Sa présence est démontrée par l'analyse des tissus, dans lesquels ont retrouve les traces du plomb, et en premier lieu par les troubles qu'elle occasionne. Dans le domaine du système nerveux, la céruse provoque la goutte, les rhumatismes, les crampes. La sensibilité du malade augmente ou diminue dans de notables proportions. La caractéristique de l'empoisonnement saturnin réside dans la paralysie des muscles extenseurs.

Les *muscles extenseurs* permettent, comme leur nom l'indique, d'étendre le bras, la main, et de les ramener à la position normale lorsqu'ils sont pliés. La céruse paralysant les extenseurs, le bras ou la mains pliés conservent la flexion, et le malheureux ouvrier, frappé souvent en pleine jeunesse, portant la « griffe » des saturnins, est incapable de toute besogne.

Les muscles du larynx sont souvent atteints, le peintre alors devient aphone. La céruse attaque la moëlle épinière, atrophie les muscles de la main. Viennent les lugubres symptômes des affections du cerveau : le tremblement des membres, le vertige épileptique. Le saturnin perd insensiblement la vue, car le nerf optique est atteint, ou bien une lésion des reins provoquant une rétinite albuminutique le rend aveugle. Puis la paralysie générale, la folie se déclarent, et la mort vient enfin délivrer l'ouvrier.

La Céruse dans l'appareil respiratoire

Le peintre respire aussi la céruse : le poison s'attaque à l'appareil respiratoire. Les bronchites sont fréquentes chez le peintre, elles se changent rapidement en *asthme saturnin*. Comment la tuberculose ne se développerait-elle pas en un terrain aussi bien préparé ? 20 pour cent des saturnins meurent tuberculeux.

Néphrite, paralysie, cécité, épilepsie, folie : la céruse a le triste privilège de provoquer la plupart des affections dont l'humanité est victime. A ce triste cortège, il convient d'ajouter encore l'albuminurie et l'hydropisie, celles-ci causées par l'effort pénible que font les reins pour éliminer le poison.

Afin de mettre en pleine lumière la foudroyante nocivité de la céruse, M. le docteur J.-V. Laborde a provoqué chez des animaux l'empoisonnement tel qu'il se produit chez les peintres. Au moyen d'un soufflet à main, il a fait avaler et respirer à des cobayes la poussière de céruse : au bout d'une heure, les animaux tombèrent asphyxiés. La colique de plomb, le dépérissement, les hallucinations, les convulsions, la paralysie ont pu être communiqués aux chiens de la même manière.

Les femmes et les enfants victimes
de la Céruse

Et ce n'est pas seulement des hommes qui subissent le martyre de l'empoisonnement saturnin : les ouvrières employées au blanchiment des dentelles et à l'imagerie sont exposées aux mêmes maux. Pour connaître la répercussion formidable du danger sur la race, laissons la parole à la statistique.

Tout d'abord il convient de rappeler que, jusqu'à ces dernières années, l'intoxication chez les peintres *a progressé* sensiblement. L'éminent et regretté professeur J.-V. Laborde constate que le taux des journées d'hôpital, qui était de 10,70 % en 1883, a monté en 1899 à 17 et 20 %, si bien qu'à Paris seulement, sur une population d'environ 30.000 ouvriers peintres en bâtiment, 150 meurent annuellement, empoisonnés par la céruse, 1.500 sont rejetés des ateliers, paralytiques, aveugles, épileptiques.

Les saturnins ont fondé une famille. Et quelle famille ! M. le professeur Layet, s'appuyant sur les travaux de Balland, de Rennert, est arrivé à cette constatation terrifiante :

« Quand la femme est intoxiquée, la grossesse n'est fructueuse que **27 fois sur 100 (donc 73 avortements ou décès immédiat du nouveau-né sur 100 grossesses).** Quand le père et la mère sont saturnins, le mal se transmet à leurs enfants **94 fois sur 100. 92 fois sur 100** quand la mère seule est atteinte, et **63 fois** quand le père seul est saturnin. Pour les enfants des intoxiqués, c'est l'idiotie, la débilité, le rachitisme, l'épilepsie.

L'emploi du Blanc de Zinc en peinture

Il semblerait naturel que pour amener la disparition d'un tel fléau, les gouvernements aient pris toutes les mesures nécessaires. Hélas ! depuis la fin du dix-huitième siècle, le blanc de céruse pourrait être entièrement éliminé, et cependant le poison continue son œuvre.

Le remplaçant de la céruse est l'oxyde de zinc, *blanc de zinc*, inoffensif et qui, de plus, fournit une peinture plus avantageuse, sous tous les rapports, que le carbonate de plomb.

Pour se convaincre de la complète innocuité de l'oxyde de zinc, il suffit de faire absorber cette substance par des cobayes ou des chiens. Ces animaux n'en sont nullement incommodés.

Quant à l'emploi industriel de ce produit, les expériences faites ont été concluantes ; il est aujourd'hui amplement démontré que la peinture au zinc est plus belle, plus durable, plus économique que la peinture à la céruse.

En 1848, la commission spéciale nommée par le ministère des Travaux publics ; l'ingénieur Chevallier, en 1849 ; les architectes de la ville de Paris et la commission nommée par le ministre de la Marine en 1850, prouvèrent qu'à poids égal le blanc de zinc couvre une surface plus étendue que le blanc de céruse. Ce dernier produit coûte 55 francs environ les 100 kilos. Le blanc de zinc est vendu de 68 à 70 francs, mais la différence est compensée, car pour peindre une même surface, il faut employer une quantité moindre de zinc que de céruse.

Le zinc peut produire les mêmes couleurs que la céruse ; de plus il résiste à l'action de l'air et ne noircit pas, comme les composés du plomb, au contact des vapeurs sulfureuses.

Le blanc de zinc fut découvert en 1779 par Courtois, de Lyon, et, dès 1785, Guyton de Morveau, l'illustre chimiste, conseillait son emploi. En 1793, un Anglais, Atkinson, propage la découverte de Courtois. 50 ans s'écoulent : le blanc de zinc n'est pas plus employé en peinture que s'il n'existait pas, et il faut les travaux persévérants, l'énergie inlassable de l'ouvrier Jean Leclaire pour que le blanc de zinc trouve enfin son application industrielle.

La Vie d'un Grand Ouvrier

La mémoire de Jean Leclaire est vénérée par les ouvriers peintres. Cet homme de bien fabriqua le premier en grande quantité le blanc de zinc, il le vulgarisa, employa sa vie à chasser le plomb de toutes les compositions colorantes. C'est grâce à Jean Leclaire que les pouvoirs publics et l'opinion s'émurent pour la première fois devant les ravages causés par la céruse. Aussi sa vie admirable, toute de travail et de dévouement, mérite-t-elle d'être retracée.

Jean Leclaire naquit en 1801. D'abord berger dans un petit village de l'Yonne, il arriva dans la capitale et fut apprenti chez un entrepreneur de peinture. Le jeune homme — remarquablement intelligent — compléta lui-même sa rudimentaire instruction. Les écrits de Fourier et de Saint-Simon exercèrent sur l'apprenti une influence profonde. Jean Leclaire se promit de mettre en pratique les théories des célèbres novateurs. Entre temps, la chance avait favorisé l'artisan, à vingt-cinq ans il devenait patron.

Alors — et c'est là ce qu'il faut le plus admirer chez cet excellent homme qui était aussi un homme de génie — les pensées, les actions de Leclaire se dirigèrent vers un seul but : supprimer par tous les moyens en son pouvoir les souffrances de ses compagnons de travail, celles qui proviennent de la céruse d'abord, puis le chômage, la misère. Jean Leclaire fonde une société de secours mutuels et de prévoyance pour ses ouvriers en 1838. Mais il sait bien qu'une telle institution est insuffisante.; peu de temps après, il transforme son entreprise en atelier coopératif avec partage des bénéfices entre tous les travailleurs.

En 1844, il a vaincu le blanc de céruse. Leclaire croit naïvement que l'empoisonnement des peintres va enfin cesser. N'a-t-il pas trouvé le moyen de fabriquer au même prix que le carbonate de plomb un produit inoffensif de qualité supérieure ? Ne l'a-t-on pas décoré en 1849? Le ministre des Travaux publics n'a-t-il pas édicté, la même année, un décret ordonnant la substitution du blanc de zinc au blanc de céruse pour tous les travaux de l'Etat ?

Pourtant l'œuvre de Jean Leclaire devait être tenue longtemps en échec. Le 12 octobre 1843, le commissaire de police lui fait notifier « qu'il y a danger pour les classes ouvrières, et abus, d'autoriser les réunions des ouvriers du sieur Leclaire pour s'entendre sur le partage des bénéfices ! » Une telle initiative était déclarée subversive parce qu'elle encourageait tous les travailleurs à revendiquer pareille institution...

Ajoutons que Jean Leclaire eut de nombreux admirateurs à l'étranger, et que l'un d'eux, N.-O. Nelson, grand industriel du Missouri, a créé dans l'Illinois (Etats-Unis) un village coopératif qu'il baptisa du nom de Leclaire. Leclaire mourut en 1872, et ses successeurs ont continué son œuvre en prélevant sur les bénéfices de la maison qu'il fonda les sommes nécessaires à la création de retraites pour le personnel. Depuis 1896, Leclaire possède sa statue à Paris au square des Epinettes.

Après les travaux de Leclaire, aucune raison valable n'autorisait le maintien de la céruse dans l'industrie. Mais le blanc de zinc fut accusé de toutes sortes de défauts : il « couvrait » mal, il coûtait cher. La céruse, si néfaste même aux particuliers en raison des dégagements dans les appartements, fut décrétée inoffensive ; ceux qui dénoncèrent ses méfaits se virent odieusement calomniés.

Pourquoi la céruse trouvait-elle tant de défenseurs ? Tous les jours s'opèrent dans l'industrie des transformations considérables, l'outillage est modifié, la machine expulse des chantiers des bataillons de travailleurs : pourtant personne n'essaie d'entraver la marche du progrès.

Mais, il faut bien l'avouer, la céruse est d'un excellent rapport pour les fabricants et les entrepreneurs de peinture, et c'est là qu'il faut trouver la raison de la résistance acharnée opposée à la substitution du zinc à la céruse.

Les puissants industriels cérusiers ne veulent point abandonner leur lucrative exploitation. Et les entrepreneurs maintiennent la céruse parce qu'elle favorise la malfaçon.

Au blanc de céruse, qui coûte 55 francs, on peut mélanger le *sulfate de baryte* dont le prix n'est que de 20 francs. Pareille malfaçon est impossible avec le blanc de zinc. De plus, ce produit ne peut être employé que par des ouvriers qui ont acquis une grande légèreté de main. Le blanc de céruse, au contraire, peut être utilisé par des ouvriers d'occasion payés à prix plus bas que les travailleurs habiles.

Et puis la vieille routine, le cliché « le blanc de zinc ne tient pas, ne résiste pas aux intempéries », appréciation dont on a fait justice depuis longtemps, maintient le poison dans les travaux de peinture, et le maintiendrait longtemps encore, si les ouvriers peintres n'avaient mené une campagne énergique contre leur mortel ennemi.

La lutte ouvrière et parlemementaire contre la Céruse

En 1900, les peintres réunis en Congrès national à Paris, donnent mandat à leur syndicat de poursuivre, par tous les moyens, la prohibition complète de la céruse. Une propagande intense par la réunion publique et le journal est décidée. Avec une activité, une énergie, une éloquence inlassables, le vaillant trésorier de la Fédération nationale des peintres, M. Abel Craissac, assisté de M. Léon Robert, secrétaire général de la corporation, organise des conférences dans toute la France. L'opinion publique s'émeut, les savants prêtent un concours actif aux travailleurs. Le grand Marcellin Berthelot ; le Dr Henri Napias, l'ancien et regretté directeur de l'Assistance publique ; M. le professeur Layet, de Bordeaux, l'hygiéniste universellement réputé ; le grand homme de bien toujours pleuré du monde savant, J.-B. Laborde ; M. le professeur Brouardel, doyen honoraire de la Faculté de médecine de Paris, dont le nom est inséparable de la croisade antituberculeuse, antialcoolique, antisaturnine ; l'éminent docteur Félix Brémond, inspecteur départemental du travail de la Seine, et tant d'autres, somment les pouvoirs publics de mettre fin à l'empoisonnement par la céruse.

Le gouvernement prend enfin des mesures préservatrices ; des circulaires partent de tous les Ministères pour recommander l'usage exclusif de la peinture à base de zinc dans les travaux exécutés pour le compte de l'Etat.

Le ministre des Travaux publics ordonne une enquête sur les résultats obtenus par l'emploi du blanc de zinc dans les travaux des ponts et chaussées : 107 rapports émanant des ingénieurs en chefs proclament la supériorité du zinc sur la céruse.

Tous les comités d'hygiène réclament la prohibition du poison. Et M. Trouillot, ministre du Commerce, présente au Parlement le projet de loi ci-dessous (1903).

Projet de loi

Article Premier. — Dans les ateliers, chantiers, bâtiments en construction ou en réparation, et généralement dans tout lieu de travail où s'exécutent des travaux de peinture en bâtiment, les chefs d'industrie ou gérants sont tenus, indépendamment des mesures prescrites, en vertu de la loi du 12 juin 1893 sur l'hygiène et la sécurité des travailleurs, de se conformer aux prescriptions suivantes :

II. — Dans un délai d'un an, à partir de la promulgation de la présente loi, l'emploi de la céruse et de l'huile de lin lithargirée sera interdit dans tous les travaux d'impression, de rebouchage et d'enduisage.

III.— Dans un délai de trois ans à partir de la même date, l'interdiction édictée par l'article précédent s'étendra à tous les travaux de peinture de quelque nature que ce soit, exécutés à l'intérieur des bâtiments.

L'interdiction totale ou partielle des autres produits à base de plomb, employés dans la peinture en bâtiment, pourra être également prononcée par un règlement d'administration publique, rendu dans les mêmes conditions.

IV. — L'autorisation d'employer de la céruse ou d'autres produits à base de plomb pourra, par dérogation aux dispositions qui précèdent, être accordée exceptionnellement, par le Ministre du Commerce après avis du Comité consultatif des arts et manufactures et de la commission d'hygiène industrielle, pour chaque cas particulier.

Bien peu draconien était ce projet, rapporté si lumineusement par M. J.-L. Breton, député du Cher. Il accordait encore trois années de grâce à la céruse. Cependant les amis du poison multiplièrent leurs efforts pour empêcher le vote de cette loi. A la tribune de la Chambre, ils apportèrent des statistiques ridicules, affirmant l'innocuité du blanc de céruse. Ils produisirent des pétitions d'ouvriers peintres demandant le maintien du néfaste produit — pétitions obtenues par l'intimidation.

Malgré cette défense acharnée, le projet fut voté, mais subit une modification regrettable.

Le délai d'interdiction dans les travaux d'impression, de rebouchage et d'enduisage, fut porté de un à deux ans.

Fort heureusement, la Chambre eut la sagesse de refuser toute indemnité aux cérusiers qui peuvent fort bien, avec le même matériel, fabriquer du blanc de zinc — comme ils le font déjà — à la place de la céruse. Il eût été scandaleux d'octroyer une prime quelconque aux fabricants de poison. Depuis le 30 juin 1903, date du vote de la loi par la Chambre, le Sénat n'a pas encore trouvé le temps d'aborder la discussion du projet. La céruse continue ses ravages, et ses défenseurs redoublent d'énergie pour faire échouer la réforme. Le président de la Commission nommée par le Sénat, M. Marcellin Berthelot, démissionna et l'on attribue sa retraite aux lenteurs de la Commission.

Mais, du moins, les efforts désespérés des cérusiers ont eu pour résultat de convertir les plus incrédules. Aux quatre coins de la France, dans toutes les réunions organisées par la *Fédération nationale des Peintres*, le citoyen Craissac, assisté de médecins locaux, présenta les estropiés, les paralysés de la céruse, tous habitant la ville. Une manifestation au Grand-Orient, présidée par le professeur Brouardel, eut un profond retentissement. Et tous les médecins des hôpitaux de Paris : MM. les Drs Gilbert, de Broussais ; Landrieux, de Lariboisière ; Chauffard, de Cochin ; Babinski, de la Pitié ; Dieulafoy, de l'Hôtel-Dieu ; Achard, de Tenon ; Labadie-Lagrave, de la Charité ; Talamon, de Bichat ; Huchard, de Necker et des Enfants-Malades, membres pour la plupart de l'Académie de médecine, établissent, avec statistiques à l'appui, la nocivité de la céruse et demandent sa prohibition. A l'Académie de médecine, M. le docteur Mosny, de l'hôpital Saint-Antoine, présente un rapport qui met en lumière le rôle effroyable du plomb sur le système nerveux, et compare les effets du *saturnisme* à ceux de la *syphilis*, ces deux fléaux qui compromettent l'avenir de la race.

Enfin, le 25 août 1905, le Ministre du Commerce nommait une nouvelle Commission chargée de procéder à des expériences comparatives sur la résistance des peintures à base de plomb et à base de zinc et sur leur prix de revient, en vue de la suppression totale de la céruse dans tous les travaux du bâtiment.

Tant d'efforts ne peuvent être inutiles, tant de protestations éloquentes et autorisées ne peuvent être méprisées ; il est impossible que pour sauvegarder les misérables intérêts de riches fabricants cérusiers, des milliers de travailleurs soient privés de protection : l'empoisonnement des peintres ne continuera pas sans provoquer l'exaspération du prolétariat français.

L'emploi de la Céruse dans différentes Industries

Les dentellières emploient le blanc de céruse au blanchiment des dentelles. Les pièces de dentelle, de couleur jaune écru, sont placées entre des feuilles de papier recouvert de céruse, et comprimées par le marteau ou le rouleau. La céruse adhère ainsi au fil ; mais l'opération provoque une poussière qui intoxique un grand nombre d'ouvrières. Les dessinateurs se servent de la céruse pour le décalque des dessins sur la broderie. Dans ces travaux, l'oxyde de zinc pourrait fort bien remplacer la céruse.

Pour obtenir le laquage des meubles, on utilise également le blanc de céruse.

L'industrie des feutres et cuirs vernis se sert d'une huile d'apprêt qui contient de l'oxyde de plomb et que pourrait remplacer l'huile siccative au peroxyde de manganèse.

Nous retrouverons le blanc de céruse dans la fabrication des papiers peints.

L'empoisonnement par le Minium

Le minium est un oxyde de plomb. Il s'obtient en calcinant du *massicot* (protoxyde de plomb) en présence de l'air, à la température de 300°. Fabrication extrêmement dangereuse en raison des vapeurs de plomb et des poussières qui se produisent au moment du *défournement,* du *broyage,* du *tamisage.*

Les malheureux qui sont astreints à cette besogne, plus dangereuse que la fabrication de la céruse, ne peuvent y résister longtemps : le personnel des usines de minium, comme celui des usines de céruse, est fréquemment renouvelé. Le minium entre dans la composition de certains mastics ; il sert, avec les autres composés du plomb, à la fabrication des cartons colorés, des crayons colorés, de l'émail pour faïences et métaux. Là encore, les composés du zinc pourraient chasser le plomb. De récents travaux ont démontré que le minium pouvait être remplacé avantageusement par le silicate double d'aluminium, produit inoffensif. Souhaitons que son emploi se généralise rapidement.

On peut aujourd'hui livrer le minium, non plus en poudre, mais à l'état liquide, forme moins favorable que l'état pulvérulent à l'absorption des particules toxiques.

L'industrie céramique expose les ouvriers à l'intoxication saturnine : nous en décrirons les travaux au chapitre des **pneumokonioses** (maladies pulmonaires causées par les poussières).

LES POUSSIÈRES ET VAPEURS DE PLOMB

Intoxication des ouvriers en accumulateurs électriques

Un accumulateur est un générateur d'électricité qui fournit le courant aux tramways, aux automobiles. Il est basé sur le principe de la décomposition de l'eau par l'électricité : lorsque l'on place dans un récipient contenant de l'eau additionnée d'acide sulfurique deux lames de plomb appelées *électrodes* et que l'on met le vase en présence d'une machine électrique, l'eau acidulée se décompose. L'oxygène se porte sur l'électrode positive et se combine avec le plomb pour former du *peroxyde de plomb*. L'hydrogène se dégage sur l'électrode négative et le métal se transforme en plomb spongieux. Si le récipient est éloigné de l'étincelle électrique après être resté longtemps en sa présence, il peut fournir à son tour un courant intense ; l'appareil ainsi obtenu est un accumulateur. Il est deux sortes d'accumulateurs, les uns formés de plomb, les autres d'*oxydes* ou de *chlorures* de plomb. Les premiers sont formés de plaques de plomb rayées ; on les fabrique en fondant le métal dans des chaudières. Lorsque le plomb est en fusion, on le coule dans des moules en fer et l'on obtient ainsi des plaques rectangulaires qui sont ensuite limées, polies et brossées soigneusement. Les ouvriers et ouvrières qui participent à cette fabrication absorbent en grandes quantités des vapeurs et des poussières toxiques. Plus dangereuse encore est la préparation des accumulateurs formés de composés de plomb. Par les mêmes procédés de fusion et de coulage en des moules, les électriciens obtiennent des *grilles* en plomb, dont ils remplissent les ouvertures avec une pâte ou une poudre plombiques. Les plaques négatives sont enduites de litharge et de chlorure de plomb, les plaques positives de minium ou d'un mélange de litharge ou de minium dilué dans l'acide sulfurique ou l'ammoniaque. C'est avec la paume de la main que, dans certaines fabriques, l'ouvrier couvre les plaques de plomb de ce mélange éminemment toxique. On devine les résultats d'une pareille manipulation : au cours du *malaxage* et de l'*enduisage*, le poison s'introduit dans l'organisme pour y produire les plus graves désordres saturnins.

M. Drancourt, inspecteur du travail, auteur d'un remarquable rapport où nous avons puisé ces renseignements, a dressé (*Bulletin de l'Inspection du Travail*) plusieurs tableaux statistiques qui démontrent éloquemment la gravité et la généralité du saturnisme chez les fabricants d'accumulateurs.

Voici les constatations faites dans une usine occupant 40 ouvriers à la fois, et où passèrent, au cours de l'année, **43 travailleurs : 43 cas de saturnisme** furent observés occasionnant un total de *802 jours de maladie !*

Une soudeuse employée pendant six mois subit trois crises qui nécessitèrent 45 jours de traitement ; une empâteuse, en trois mois et demi de présence à l'atelier, eut deux crises et 47 jours de maladie. Une ébarbeuse, 43 jours de maladie en quatre mois. Une injecteuse, 83 jours de maladie en quatre mois.

Et les symptômes de l'empoisonnement présentent ici un caractère extrêmement grave. Les coliques de plomb qui frappent les électriciens sont encore plus violentes que celles des peintres.

S'il n'est malheureusement pas encore possible de chasser le plomb de l'industrie des accumulateurs, du moins faut-il exiger des mesures de préservation pour les ouvriers. Les poussières et les vapeurs doivent être chassées par une ventilation suffisante des ateliers ; l'enduisage à la main rigoureusement interdit. Enfin on ne saurait trop recommander aux ouvriers les plus grands soins de propreté, lavages, bains fréquents et rinçage de la bouche.

Intoxication des tisseuses au métier Jacquart et des ouvriers de filature

Les métiers Jacquart sont munis de petits contre-poids de plomb qui, par frottement entre eux, dégagent des poussières toxiques. Les contre-poids de plomb pourraient être remplacés par des contre-poids de fer inoffensifs.

Un autre sel, le *chromate de plomb*, employé dans la teinture du coton, pourrait être remplacé par le chromate de zinc que Jean Leclaire préconisa. De même, dans la fabrication des toiles cirées, le blanc de zinc supplanterait parfaitement le blanc de céruse.

Nous ne parlerons pas ici des accidents qui frappent les ouvriers chargés d'extraire le plomb des mines et d'en traiter le minerai, cette industrie, peu développée en France, s'est assainie de nos jours.

Accidents des fondeurs de plomb

Mais les fondeurs de plomb sont gravement atteints en raison des vapeurs qui se dégagent des chaudières au moment de la fusion. Les émanations sont d'autant plus dangereuses que souvent sont traités de vieux plombs ayant subi le contact des acides et qui dégagent des vapeurs particulièrement nocives. Chaque chaudière de fusion devrait être munie d'une hotte et d'un rideau vitré. Ces précautions d'hygiène ne sont malheureusement pas toujours prises, notamment à Saint-Denis.

Les métallurgistes de plomb sont atteints parfois de paralysie des membres supérieurs. Les plombiers souffrent également de l'intoxication, comme les fondeurs typographes.

Intoxication des fondeurs typographes

La fonderie typographique est une industrie décroissante en France. Elle s'exerce surtout à Paris et seulement dans quelques villes de province, Lille, Nancy, etc. Les machines à composer (linotypes) qui fabriquent le caractère et composent simultanément, réduisent encore le domaine de cette industrie.

Les fondeurs typographes sont exposés à tous les accidents saturnins. Un grand nombre de femmes étant employées dans les ateliers, les mariages entre intoxiqués sont fréquents et les accidents de la grossesse, la naissance d'enfants chétifs ou maladifs, sont bien souvent la conséquence de ces unions infortunées.

Les fonderies de caractères sont, en général, placées dans des conditions d'hygiène déplorables. Les prescriptions de la Préfecture de police qui imposent l'installation de lavabos demeurent presque partout lettre morte. Les ateliers de l'Imprimerie nationale sont particulièrement remarquables par leur insalubrité, et l'Etat a donné, en cette circonstance, à l'industrie privée, le spectacle de l'indifférence absolue en matière d'hygiène. Le Syndicat obtiendra-t-il un aménagement plus salubre des nouveaux locaux en construction ?

Les premiers ouvriers exposés sont ceux qui préparent la *matière à composer* : alliage de plomb, d'antimoine et d'étain. Les caractères hors d'usage sont également refondus. La matière neuve à caractère comprend environ 75 % de plomb, 15 % d'antimoine et 10 % d'étain ; la proportion d'étain est moindre lorsque l'on refond de la matière déjà utilisée.

La fusion dégage des vapeurs de plomb et des vapeurs sulfureuses provenant de l'antimoine. Une ventilation convenable faisant défaut dans les fabriques, les ouvriers respirent à pleins poumons ces émanations nocives.

Au sortir des chaudières, le mélange — recueilli dans des lingotières, est placé dans de petits creusets contenant chacun de 8 à 10 kilogr. et chauffés au gaz. Des vapeurs de plomb se dégagent de nouveau, et souvent se répand, dans l'atelier, une odeur infecte produite par la combustion de l'huile à machine qui enduit les *rompures* (fragments de caractères que les

fondeurs sont tenus de remettre dans les creusets).
La chaleur dépasse parfois 50 degrés. La matière en
fusion, aspirée par un piston, est envoyée dans un
moule où le caractère est formé.

Les travaux complémentaires du fondeur typo-
graphe : *romprie, polissage, crènerie, coupe, apprêt,*
provoquent encore un dégagement de poussières
plombiques pas très considérable, mais pourtant
dangereux.

L'Assistance publique accorde des bains sulfureux
aux ouvriers et ouvrières des fonderies. Elle le fait
avec une très grande parcimonie.

La tuberculose frappe de nombreuses victimes parmi les fondeurs et les compositeurs, et le plomb n'est
certes pas étranger à la fréquence de cette maladie.

L'ordonnance du 31 juillet 1897, concernant l'établissement et l'exploitation des imprimeries et fonderies de caractères en Allemagne, accorde une réelle
protection aux travailleurs du livre. Il serait désirable
que pareil décret fût édicté en France.

Aux termes de cette ordonnance, chaque ouvrier
doit disposer, dans les locaux où l'on fabrique les
caractères typographiques, d'un volume d'air de
quinze mètres cubes. De nombreuses mesures sont
prescrites pour que les vapeurs et les poussières de
plomb soient chassées des ateliers, pour que des
lavabos et des crachoirs soient mis à la disposition
des ouvriers.

Nous ne pouvons mieux terminer cet exposé de l'empoisonnement saturnin dans les différentes professions, qu'en citant l'énergique déclaration du docteur A. Gilbert, médecin de l'hôpital Broussais : « *Poison du sang, poison des vaisseaux, poison des nerfs et du cerveau, poison des viscères, poison de tout l'organisme, le plomb, comme l'alcool, doit être visé par l'hygiéniste.* **Il n'en faut plus !** »

L'EMPOISONNEMENT
PAR LE MERCURE ET SES COMPOSÉS
(HYDRARGYRISME)

Le mercure, ce poison violent, provoque chez les ouvriers qui le manipulent l'inflammation des tissus de la bouche, la perte des dents et des cheveux, l'affaiblissement de l'intelligence, les tremblements, la paralysie et enfin la cachexie. Fort heureusement le mercure est beaucoup moins employé qu'autrefois dans l'industrie. Les ouvriers qui en traitent le minerai, à Almaden (Espagne), Idria (Autriche), en Russie, aux Etats-Unis, sont victimes des vapeurs mercurielles qui pénètrent dans l'appareil respiratoire. La mortalité était naguère effrayante parmi les ouvriers extracteurs, frappés de *calambres* (contractures très dangereuses et très douloureuses des muscles).

Des mesures préservatrices ayant été prises dans certaines exploitations, notamment à Idria, les accidents ont beaucoup diminué en ces derniers temps.

Le mercure est employé au traitement des minerais d'or et d'argent. L'étamage des glaces au mercure, d'usage courant il y a quelques années, était une opération fort dangereuse, aujourd'hui remplacée par l'argenture au sel d'argent, procédé inoffensif.

L'industrie utilise encore le mercure pour la construction des baromètres et des thermomètres, des lampes à incandescence, des amorces, pour le bronzage et le damasquinage des canons de fusils. Un sel de mercure, le sulfure de mercure, dénommé *vermillon*, est utilisé comme colorant. Enfin la chapellerie emploie, pour le feutrage du poil de lièvre ou de lapin, une composition à base de mercure qui exerce une action nocive sur les ouvriers et les ouvrières de cette industrie, en premier lieu sur les coupeurs de poil.

Intoxication des coupeurs de poil

Les peaux de lapin et de lièvre destinées à la chapellerie sont triées, nettoyées et brossées à la couperie de poils ; on les assouplit ensuite en les mouillant ; puis *fendeurs* et *éjarreuses* en retirent les parties non utilisables. Les poils sont alors secrétés, c'est-à-dire transformés en produit feutrable. Cette opération, qui s'accomplit, depuis le commencement du dix-septième siècle, au moyen du nitrate de mercure, pourrait être depuis longtemps inoffensive, plusieurs solutions d'où le mercure est banni ayant été composées et donnant d'excellents résultats. On en trouvera la composition aux derniers paragraphes du présent chapitre. Cependant la plupart des industriels, obéissant à la routine, préfèrent la préparation toxique à la préparation inoffensive, bien que cette dernière ne coûte pas plus cher.

Il existe deux sortes de *secrets* (ainsi appelés parce que leur composition était tenue cachée autrefois) : le secret *pâle* pour les peaux de couleur claire, et le secret *jaune* pour les peaux foncées. Tous deux sont un mélange de mercure et d'acide nitrique étendu d'eau ; le *secret pâle* contient environ 3 parties, le second environ 5 parties d'acide nitrique pour une de mercure. Le mélange de ces deux substances a donné lieu souvent, par explosion, à des accidents mortels.

Les peaux, réunies par le *fendeur*, sont frottées au moyen d'une brosse trempée dans le secret. Cette opération dégage des vapeurs mercurielles ; le secréteur a souvent les mains en contact avec la solution toxique, et il en résulte des ulcérations profondes et très douloureuses. En outre, malgré son habileté professionnelle, le secréteur peut quelquefois appliquer trop longtemps le mélange corrosif sur une peau ; le poil s'en détache alors, et de nombreuses particules sont absorbées par l'ouvrier dont l'intoxication mercurielle est gravement favorisée ainsi.

Après le secrétage, les peaux sont séchées à l'étuve dont la température varie de 50 à 100°.

Les peaux, mouillées au sortir de l'étuve, sont ensuite mises en cave, frottées à l'aide d'une brosse très dure. On opère alors la coupe du poil à la machine ; le poil tondu étant recueilli sur une plaque.

Les *éplucheuses* les trient ; les *monteuses* réunissent les poils en boulettes et en paquets prêts à être livrés à la chapellerie.

Les ouvriers et ouvrières des couperies de poil respirent les poussières de peaux, si funestes à leurs bronches. Les *éjarreuses* sont particulièrement exposées.

Quant à l'intoxication mercurielle, elle affecte non seulement les secréteurs, mais aussi les ouvriers qui disposent les peaux dans les étuves, en surveillent le dessèchement et les en retirent ; elle atteint également les ouvriers des machines à couper le poil. Le syndicat professionnel évalue à 70 le nombre des machines qui fonctionnent à Paris, groupant un millier d'ouvriers et d'ouvrières, sur lesquels 350 environ sont exposés à l'hydrargyrisme.

Deux formules de secret sans mercure, absolument inoffensif, sont utilisées dans quelques maisons :

Ce sont : le *procédé Burg*, ainsi composé :

Secret pâle : eau 200 litres.

Sulfate de potasse, 10 kilos. (Laisser dissoudre).
Sulfate de zinc, 25 kilos.
Acide nitrique, 18 kilos.

Secret jaune : eau 200 litres.

Tannin, 750 grammes.
Sulfate de cuivre, 2 kilos.
Sulfate de potasse, 4 kilos.
Acide nitrique, 28 kilos.

Et le *procédé Courtonne* :

Sel d'étain, 1 k. 500 grammes.
Acide chlorhydrique, 1 kilo.
Eau, 8 litres.

(D'après *Les Poisons industriels*.)

Les fabricants qui, les premiers, adoptèrent ces compositions inoffensives virent diminuer le chiffre de leurs affaires, si bien qu'aujourd'hui un certain nombre d'entre eux utilisent en *cachette* seulement les *secrets* inoffensifs.

Pourquoi ce parti pris ? Routine ou influence des marchands de mercure ?

La Russie aux mœurs féodales a su réaliser le progrès que les chapeliers de la République française sont encore à implorer ; les accidents étaient si fréquents et si graves parmi les paysans traitant les peaux au mercure, que les savants parvinrent à *imposer* l'emploi exclusif d'un mélange inoffensif.

Intoxication des ouvriers chapeliers

La fabrication du chapeau de feutre comprend un grand nombre de phases que nous allons décrire sommairement.

Lorsque la matière première, la *bourre*, est sortie de la couperie de poils, elle subit un premier nettoyage par le *soufflage*, dont le but est de la débarrasser des poussières qu'elle contient. Le soufflage se faisait autrefois en frappant la bourre à coups de bâtons ; une machine spéciale, la souffleuse, *tape* la bourre à la façon d'un tapis et répand autour de ses battants un véritable brouillard de poussières : débris organiques, particules mercurielles, fragments ténus de poils qui se répandent dans l'atmosphère en quantité si considérable qu'au sortir de la fouleuse la bourre a perdu 20 % de son poids.

Les ouvriers qui dirigent les machines et les ouvrières qui, du matin au soir, jettent la bourre dans la fouleuse, travaillent en pleine poussière sans qu'aucune ventilation ne vienne diminuer l'absorption nocive. Parfois le soufflage se fait en atelier clos ; l'air y est alors absolument irrespirable et les ouvriers sont frappés en grand nombre par la tuberculose.

La bourre soufflée est *arçonnée*, c'est-à-dire qu'une machine *ad hoc*, l'arçonneuse, la carde comme il est fait pour les crins des matelas, et en chasse les dernières poussières. Cette opération présente pour les ouvriers moins de dangers que la précédente, le dégagement de poussière étant moins considérable.

Entièrement épurée, la bourre passe aux mains des *bastisseuses* ; le rôle de ces ouvrières est de déterminer les pièces dont l'assemblage deux par deux. formera les chapeaux. Au moyen d'un appareil spécial, la *clef*, elles aplatissent.la bourre, la tassent, lui donnent sa consistance, son *feutré*. C'est ici que le mercure exerce ses ravages : un grand nombre de femmes qui manipulent la bourre sont prises de tremblements nerveux, elles perdent dents et sourcils. Après quatre à cinq ans de travail, une bastisseuse est forcée d'interrompre toute besogne et de se mettre au régime lacté. Chez certaines ouvrières, le tremblement nerveux est tel qu'elles ne peuvent manger ni boire sans aide. Après quelques semaines de repos, l'ouvrière peut reprendre son travail, mais les troubles nerveux réapparaissent vite, plus violents et plus fréquents.

Les pièces bastissées subissent ensuite le *foulage* qui transforme véritablement. la *bourre* en *feutre*. Elles sont ensuite plongées dans un mélange de 100 litres d'eau bouillante et de 25 centilitres d'acide sulfurique, et sont remuées, retournées en tous sens par la main du *fouleur* qui se sert à cet effet d'une plaque de bois appelée *manille,* couvrant — trop insuffisamment — la paume de sa main. C'est l'opération la plus pénible que nécessite la fabrication du chapeau. Durant une heure ou une heure et demie, le fouleur maintient ses mains dans l'eau bouillante et corrosive, la tête plongée dans un continuel bain de vapeur. Après quelques années de travail, les doigts de l'ouvrier sont ébouillantés, décharnés, littéralement rongés jusqu'aux os. Il y a quelques années, certains fabricants peu scrupuleux rachetaient à prix réduits l'acide sulfurique ayant servi au débronzage et au décuivrage des métaux, renfermant par conséquent des sels de cuivre vénéneux. Cet acide sulfurique, mélangé à l'eau, gangrenait les doigts à vif des fouleurs, et nécessitait d'immédiates amputations. Une énergique protestation du syndicat a imposé aux industriels trop rapaces la suppression de cette source illicite de bénéfices.

La chaleur intense qui se dégage des chaudières oblige les ouvriers à travailler à demi-nus, et comme les ateliers de foulage sont souvent mal clos, l'air froid du dehors y pénètre en coulis, apportant aux travailleurs bronchites et pneumonies.

Après avoir été foulé, le chapeau est *dressé* sur une forme, où il sèche. Le dressage de certains chapeaux pour femmes s'opère sur une forme actionnée par une pédale et surmontée d'une double couronne de gaz. La bouche et les fosses nasales du dresseur

sont proches voisines de la flamme dont l'odeur et
la chaleur incommodent les ouvriers qui souffrent
de violents maux de tête. Le chapeau, dégrossi à
l'émeri, puis *poncé,* c'est-à-dire poli, est *apprêté,*
par un mélange composé de gomme laque, d'alcool
et de résine, qui lui donne, quand il s'agit de chapeaux *durs,* la raideur voulue. Il est ensuite teint,
puis soumis à l'action de la vapeur et au travail du
tournurier, qui l'astreint à la courbure exigée par la
mode. Le chapeau est enfin livré aux brideuses, pi-
queuses, garnisseuses. La fabrication des chapeaux
de feutre pour femmes diffère peu de la fabrication
dès chapeaux d'hommes.

La paille dont on fait les chapeaux est tressée, puis
cousue sur des formes spéciales. Elle est teinte par
les couleurs d'aniline qui renferment presque toujours de l'arsenic. Elle est apprêtée, comme les
chapeaux de feutre mous, au moyen de colles de
pâte et de poisson, qui en été se putréfient rapidement, dégageant une odeur nauséabonde. En la saison chaude, l'atmosphère d'un atelier d'apprêts pour
chapeaux de paille est presque irrespirable.

Le Syndicat de la chapellerie, fortement organisé
à Paris, et dont le très actif secrétaire, M. Bouan-
chaud, a bien voulu nous fournir les renseignements
qui précèdent, demande la suppression du mercure
dans l'industrie chapelière. Il réclame aussi l'application de mesures d'hygiène dans les ateliers. Les

dimensions des locaux devraient être calculées non en prévision du nombre très restreint de travailleurs qui les occupent en morte-saison, mais bien en vue du nombreux personnel qui y séjourne lorsque la fabrication bat son plein. Avec le procédé actuel, trente personnes se trouvent respirer dans un cube d'air à peine suffisant pour douze. Les ateliers devraient être balayés et aérés parfaitement, pourvus de lavabos et de vestiaires ; un désinfectant ajouté aux colles et apprêts, si souvent employés en état de décomposition. Toutes ces revendications ont été formulées dans un rapport présenté au premier congrès de l'Hygiène, par M. Allibert, secrétaire de la Fédération de la chapellerie.

L'EMPOISONNEMENT PAR L'ARSENIC ET SES COMPOSÉS

M. le docteur Layet a compté 27 catégories de travailleurs exposés à l'intoxication arsenicale. Ce sont les ouvriers qui préparent l'arsenic, les acides arsénieux et les composés industriels de l'arsenic ; qui traitent les minerais de cuivre, d'étain, de cobalt renfermant de l'arsenic ; les ouvriers de fabriques d'aniline ; les fabricants de couleurs arsenicales : vert de Scheele, de Schweinfurt ; les ouvriers qui utilisent ces couleurs : peintres en bâtiment, fabricants de papiers peints, bronzeurs de métaux, fleuristes et teinturiers ; les naturalistes, les mégissiers et corroyeurs qui emploient un composé de l'arsenic pour la conservation, l'ébourrage, la préparation et la teinture des peaux ; les ouvriers qui se servent d'acide sulfurique impur, renfermant de l'arsenic, enfin ceux d'entre eux qui sont exposés à respirer de l'*hydrogène arsénié,* poison violent qui se dégage parfois des fours d'usine ou des hauts fourneaux.

Ces ouvriers sont exposés également à l'intoxication par l'*oxyde de carbone*. Quand nous parlerons de l'*anilinisme* (empoisonnement par l'aniline) nous passerons en revue les dangers qui menacent les ouvriers fabriquant les couleurs d'aniline. Les ouvriers fabriquant les verts arsenicaux, les fleuristes, les ouvriers du papier peint, les naturalistes, les mégissiers et tanneurs font donc seuls l'objet du présent chapitre.

Les symptômes de l'arsenicisme (intoxication par poussières arsenicales) sont les suivants : violents maux de tête, principalement localisés au front, douleurs générales, manque absolu d'appétit, grande faiblesse accompagnée de vertiges, affection des voies respiratoires, bronchite, paralysie.

Intoxication des ouvriers fabriquant le vert de Schweinfurt

Le vert de Schweinfurt se fabrique en mettant en présence de la potasse bouillante, de l'acide arsénieux porcelané en poudre, et du vert-de-gris. On obtient ainsi un mélange d'arsénite et d'acétate de cuivre qui est lavé et séché à la vapeur, puis remué avec des pelles et tamisé. Ces opérations répandent de la poussière arsenicale ; les ouvriers de fabriques de vert sont frappés en grand nombre d'arsenicisme.

Un décret du 29 juin 1895 réglemente le travail
dans les fabriques de vert de Schweinfurt. Ce décret
ordonne le lavage des locaux, la ventilation complète
assurant l'éloignement des vapeurs et des buées. Le
séchage du vert doit être pratiqué dans une cuve
hermétiquement close, sauf le tuyau d'aération. Le
décret recommande le port de masques et gants
protecteurs. Il ordonne que les vêtements de travail
soient serrés au col et aux poignets, et que les mains
des ouvriers, ainsi que les parties du corps exposées
aux poussières, soient recouvertes de poudre de talc.

Il est désirable que ces prescriptions soient observées dans toutes les usines où l'on prépare les composés d'arsenic.

Intoxication arsenicale dans l'industrie florale

L'industrie des fleurs artificielles occupe dans le
département de la Seine plus de 67.000 ouvriers et
ouvrières.

La tuberculose exerce de grands ravages parmi
les fleuristes. Les longues journées de travail en
hiver, auxquelles succèdent les veillées dans le logis
familial pendant la « bonne » saison, communément 11 heures en atelier et 4 heures en chambre ;

l'usage détestable qui consiste à charger du travail des entrepreneuses dont le bénéfice est d'autant plus considérable que le salaire des ouvriers est plus misérable, contribuent à la propagation de la maladie de misère. L'emploi des couleurs d'aniline qui contiennent de l'arsenic, l'usage du plomb, de l'alcool, de l'eau de Javel, occasionnent de nombreux désordres chez les ouvriers. La paralysie atteint certains d'entre eux ; les eczémas, les brûlures, les accidents du saturnisme forcent bien souvent les autres à interrompre leur besogne.

Comment on fabrique les fleurs artificielles

La première opération est le trempage des tissus : les mains des fleuristes plongent dans le bain d'aniline. La plus petite égratignure ouvre un passage à l'arsenic contenu dans l'aniline de ce bain. Autrefois les couleurs végétales — absolument inoffensives — étaient seules employées dans l'industrie florale ; elles sont délaissées aujourd'hui, parce que leur emploi nécessite, au préalable, diverses manipulations longues et coûteuses que supprime l'emploi des couleurs d'aniline, dont le pouvoir colorant est, en outre, plus puissant.

Pour que les fleurs artificielles, notamment celles

de velours et de soie, conservent leur lustré, leur *grain*, on les plonge dans un bain d'alcool impur. Or, en cette industrie qui s'exerce en petits ateliers, les prescriptions de l'hygiène sont peu respectées : bien souvent, au milieu de la pièce exiguë où travaille le personnel, la bonbonne d'alcool impur, débouchée, exhale des émanations méphitiques qui provoquent de graves maux de tête et d'yeux, de fréquents étourdissements.

Le fleuriste a trempé ses étoffes — et ses doigts — dans la couleur liquide d'aniline ; soudain vient l'ordre de plonger les tissus dans un bain de couleur différente. Pour ne point bigarrer l'étoffe, l'ouvrier doit se laver soigneusement les mains. On ne lui en laisse pas le temps ; il faut qu'une substance énergique agisse rapidement sur l'épiderme. C'est l'eau de Javel, et ce corrosif, employé plusieurs fois par jour, en provoquant de douloureuses brûlures, en mettant à vif la chair des mains, favorise l'introduction de l'arsenic dans l'organisme.

L'apprêt du feuillage nécessite l'emploi de colle, de pâte qui, quatre-vingts fois sur cent, rance et putride, corrompt l'air de l'atelier. Particulièrement dangereuse est la fabrication des fleurs écarlates. Les tissus employés pour cette catégorie doivent être imperméabilisés au moyen de l'acétate de plomb ; plongés dans le bain colorant, découpés ensuite à l'emporte-pièce. Plusieurs feuilles de tissus

sont accolées les unes aux autres ; le fleuriste les
sépare, une fine poussière formée de plomb et d'aniline volète autour de lui, sa bouche et ses fosses
nasales aspirent les particules nocives. L'acétate de
plomb peut être remplacé par la gélatine et il est
à souhaiter que cette petite réforme sanitaire soit
appliquée partout.

Le découpage des fleurs contribue à l'intoxication
saturnine observée chez les fleuristes. Sur une plaque
de plomb, l'ouvrier dispose son étoffe. Un outil
ayant forme de fleur est mis en contact avec le tissu
et s'incruste sur l'étoffe pour y découper une corolle.
Mais du plomb ainsi martelé se détachent de fines
pellicules que l'ouvrier absorbe lorsqu'il brosse la
plaque.

Il faut le dire à l'honneur du Syndicat de l'industrie florale, de nombreuses tentatives ont été faites
auprès des patrons fleuristes pour que les prescriptions d'hygiène soient observées dans les ateliers.
S'il n'est pas encore possible d'employer des couleurs
totalement inoffensives, du moins est-il facile d'uti-
liser un alcool et des colles de bonne qualité ; il est
facile aussi de laisser aux ouvriers le temps de se
laver convenablement les mains à l'eau chaude, en
évitant les brûlures de l'eau de Javel.

L'imprudence des travailleurs, elle aussi, peut
provoquer des accidents. Une ouvrière qui avait, au
cours de son travail, l'habitude de porter à sa bouche

du papier vert coloré avec une composition plombique, fut intoxiquée. Des fleuristes n'hésitent pas à lisser, avec leur salive, la capsule d'ouate qui forme le bouton de la fleur. La ouate, blanchie par le chlore, occasionne de douloureuses brûlures à la bouche.

Intoxication des ouvriers en papiers peints

Les ouvriers en papiers peints emploient les couleurs arsenicales et plombiques. De ce fait ils sont exposés surtout à la forme locale de l'arsenicisme : irritation de la peau, boutons, pustules, eczémas, et aux troubles du saturnisme (coliques de plomb). Passons en revue rapidement les principales opérations de la mise en peinture des papiers.

L'ouvrier applique d'abord la couleur de fond sur le papier, c'est le *fonçage ;* parmi les teintes employées, se trouvent les verts d'arsenic, le vert de Scheele (arsénite de cuivre) le vert de Schweinfurt (mélange d'arsénite et d'acétate de cuivre). Ces couleurs sont mélangées à une colle fabriquée généralement dans la cour et sous les fenêtres de l'atelier. Celle qui est le plus communément employée est la *colle vermicelle.* Sa préparation est des plus malsaines. De vieux cuirs, lanières, débris de harnais, exhalant une odeur nauséabonde, sont bouillis dans des cuves, et les émanations de la cuisson, qui dure de cinq à six heures, vicient l'air de l'atelier voisin et incommodent les ouvriers.

Des couleurs métalliques en poudre : or, bronze, argent, fabriquées avec du cuivre ou du plomb, sont également utilisées ici. Toutes ces compositions toxiques provoquent chez les ouvriers de graves accidents.

L'opération du *satinage* répand de nombreuses poussières. Le *veloutage* nécessite l'emploi de la céruse, qui est ajoutée à la colle. Les *tontisses* (laines moulues) sont souvent teintées avec des couleurs toxiques (sels de plomb ou d'arsenic).

Enfin, les dessins des papiers peints sont imprimés indifféremment à *la planche* ou à *la machine*. Les imprimeurs sont exposés à absorber des poussières arsenicales ; mais les ouvriers qui ont le plus à souffrir de l'intoxication sont les « garçons », manœuvres qui brossent et époussètent *les planches* et qui absorbent constamment et en quantité les particules d'arsenic.

Ces dangers sont bien diminués pour les imprimeurs à la machine.

L'intoxication arsenicale a été observée également chez les fabricants d'abat-jour et de cartes à jouer, qui utilisent pour la coloration *en vert* des couleurs arsenicales.

Intoxication des mégissiers et tanneurs

Dans les différentes phases de leur travail, ces ouvriers emploient le *trisulfure d'arsenic* ou *orpin*, dont la manipulation provoque des lésions digitales douloureuses. La première opération de la mégisserie est *l'épilation des peaux* par badigeonnages ou par bain.

L'orpin, dissout dans l'eau d'une cuve, est additionné de chaux en pierre. On badigeonne les peaux de cette mixture, on les entasse sur des chevalets et on en retire les poils. Au cours de ces travaux, l'orpin pénètre la chair des mains et occasionne des *pigeonneaux*, brûlure profonde qui pénètre jusqu'à l'os et entraîne souvent l'incapacité de travail. De plus, le tri du poil dégage une poussière épaisse, néfaste aux poumons.

L'autre procédé d'épilation consiste à tremper les peaux dans des bassins contenant de l'orpin et de la chaux, à les y laisser 10 à 12 jours, à les rincer et à les disposer sur des chevalets pour en enlever les poils. La chaux provoque des crevasses. Quand elle provient d'usines à gaz, elle contient souvent de l'acide sulfhydrique dont les émanations sont pernicieuses.

Après le *rinçage* et le *rognage*, les peaux passent au *tannage*, où elles sont souvent soumises à l'action du *bichromate de potasse*. Ce produit provoque chez les tanneurs de fréquentes éruptions cutanées.

Dans tous leurs congrès, mégissiers et tanneurs ont réclamé l'assimilation des maladies professionnelles aux accidents du travail. Bien souvent, en effet, les assurances refusent de payer le salaire d'un ouvrier que de profondes ulcérations immobilisent. Un plus redoutable danger menace encore les travailleurs des cuirs et peaux, c'est le *charbon*, qui fait dans notre enquête l'objet d'un chapitre spécial.

Arsenicisme des naturalistes-taxidermistes

Les naturalistes-taxidermistes emploient pour la conservation des dépouilles animales l'arsenic et le sublimé corrosif.

Ces deux poisons occasionnent des accidents nombreux chez les ouvriers. La chair des animaux leur arrive parfois dans un état voisin de la putréfaction ; de plus, le germe de certaines maladies est transmis à l'homme par le cadavre qu'il traite.

Les taxidermistes se servent d'un savon spécial contenant de l'arsenic dans une très forte proportion. La composition est utilisée au moyen d'un pinceau, mais les exigences du travail obligent l'ouvrier à frotter le savon à la main. L'arsenic passe sous les ongles, provoque aux doigts de petits abcès très douloureux, et occasionne parfois l'arrêt du travail.

Un dégagement de poussières toxiques se produit lorsqu'on nettoie le poil des animaux.

Souvent les oiseaux de l'étranger arrivent aux ateliers tout préparés, c'est-à-dire dépouillés et bourrés. Pour les « monter », il faut enlever l'étoupe, la bourre, et cette opération dissémine dans l'atelier une quantité importante de poussières arsenicales.

De l'étranger nous est venu l'emploi du sublimé corrosif (bichlorure de mercure), dont nous rapportons les effets au chapitre de l'hydrargyrisme (empoisonnement par le mercure), bien plus dangereux encore que ceux de l'arsenic. L'ouvrier imprègne le corps à empailler d'une solution composée de camphre, d'esprit de vin, de sublimé. Ce violent poison devrait être complètement prohibé : son emploi n'étant pas indispensable en industrie.

L'arsenic se trouve mêlé intimement à certains corps et provoque des intoxications dont il est souvent difficile au médecin de déterminer la cause.

M. le Dr Bourges, dans son rapport à la *Commission d'hygiène industrielle*, cite un cas d'arsenicisme extrêmement curieux observé en Angleterre.

Un grand nombre de buveurs de bière de Manchester et de Salford étaient frappés de paralysie. Après de longues recherches, on finit par découvrir la raison de cette surprenante épidémie. La bière en vente était faite avec de la *glucose* ; la fabrication de cette substance nécessite l'emploi *d'acide sulfurique* qui, en l'occurrence, contenait de l'arsenic. C'était ce poison qui intoxiquait les dégustateurs de bocks.

A tous les travailleurs qui manipulent l'arsenic ou ses composés, M. le Dr Félix Brémond, inspecteur départemental du travail de la Seine, conseille l'usage de la *magnésie hydratée* ou de *l'hydrate de peroxyde de fer*, et d'une tisane composée de blancs d'œufs battus dans de l'eau sucrée, qui sont d'excellents préservatifs contre l'intoxication arsenicale.

EMPOISONNEMENT PAR LE SULFURE DE CARBONE

Le sulfure de carbone est fort employé dans l'industrie. Les manufactures de caoutchouc, les usines où se préparent les huiles et les graisses en consomment de grandes quantités. L'agriculture utilise également ce produit. Les ouvriers qui le fabriquent et les caoutchoutiers sont — à quelques exceptions près — les seules victimes de l'empoisonnement sulfocarbonique. Encore les premiers sont-ils moins exposés que les seconds, car le sulfure de carbone, obtenu par le contact de vapeurs sulfureuses arrivant sur du charbon incandescent, est condensé et recueilli sous l'eau, ce qui évite aux ouvriers l'inhalation de vapeurs délétères. L'intoxication par le sulfure de carbone est extrêmement grave.

Les caoutchoutiers

L'industrie du caoutchouc utilise un grand nombre de produits dangereux. La *benzine*, pour la dissolution de la gomme ; le *sulfure de carbone*, pour le même emploi, et aussi pour la vulcanisation à froid et l'imperméabilisation des tissus, les *couleurs de plomb* et le *vermillon toxique* pour la coloration de certains articles. Nous ne nous occuperons, dans ce chapitre, que du sulfure de carbone. Les symptômes de l'intoxication par ce poison sont : d'abord de violents maux de tête et l'ivresse ; puis l'inappétence (manque d'appétit) provoquée par une aberration du goût, l'intoxiqué s'imaginant que tous les aliments ont l'odeur détestable du sulfure de carbone. Des taches noires apparaissent sur le corps de l'empoisonné ; certaines parties de son corps sont frappées d'insensibilité ; ses facultés génitales diminuent et disparaissent. Les troubles visuels, les vertiges, les hallucinations, la paralysie, la folie guettent l'intoxiqué par le sulfure de carbone.

Ce poison est le plus parfait dissolvant du caoutchouc. M. Chapel a établi que sur 100 grammes de gomme, 70 sont entièrement dissous dans le sulfure de carbone, 63 dans l'éther et 52 dans la benzine.

L'industrie, très florissante en France, des ballons, tétrelles, coussins, blagues à tabac, dessous de bras, doigtiers, capsules, poches, etc., utilise en grandes quantités le sulfure de carbone pour la vulcanisation *au trempé*. Cette opération s'accomplit de la manière suivante : l'ouvrier mélange dans une auge du chlorure de soufre et du sulfure de carbone en proportions variables. Avec une fourchette, il plonge l'objet à vulcaniser dans le bain ainsi composé ; son expérience professionnelle le renseigne sur la durée nécessaire de l'immersion. Après avoir retiré la pièce, il la jette dans le talc pour la faire sécher, puis la gonfle jusqu'à ce qu'elle ait atteint le volume demandé.

Au cours de ces opérations, le sulfure de carbone dégage d'intenses vapeurs dont nous avons dit les effets redoutables. Le chlorure de soufre répand également des émanations qui irritent les muqueuses du nez et de la gorge, mais qui ne présentent aucune gravité.

Toutes ces vapeurs se répandent encore dans l'atelier, lorsque les caoutchoutiers fabriquent des tissus imperméables, en enduisant une étoffe d'une dissolution de caoutchouc. Le rouleau d'une machine spéciale met alors les tissus à vulcaniser en présence d'une auge contenant un mélange de sulfure de carbone et de chlorure de soufre ; quand l'étoffe est imprégnée de la solution, elle s'enroule sur un tambour où s'évapore librement le sulfure de carbone, pour le plus grand dommage des ouvriers.

Depuis longtemps on a essayé de chasser le poison de l'industrie du caoutchouc, ou tout au moins de la vulcanisation au *trempé*. M. Poincaré a préconisé, pour remplacer le sulfure de carbone, un mélange de soufre et de chaux hydratée. Dans son remarquable ouvrage : *Le caoutchouc et la gutta-percha*, M. Chapel, qui fut durant de longues années secré-

taire de la Chambre syndicale patronale de l'industrie du caoutchouc, se montre favorable à l'emploi
du produit ci-dessous formulé, se substituant au
toxique. C'est un composé d'essence minérale et de
chlorure de soufre ; cette substance dosée à raison
de 12 grammes par litre. Les objets à vulcaniser sont
plongés dans le mélange et y demeurent un peu plus
longtemps que dans le bain au sulfure de carbone.
Ils sont égouttés à la passoire, puis plongés dans une
solution concentrée de potasse d'Amérique ; ils en
sortent quand ils ont pris une couleur blanche. Ils
passent alors à l'étuve dont la température est de
60 degrés, puis sont soumis aux opérations de la vulcanisation ordinaire (passés au talc et dilatés au
soufflet). Ce procédé, qui supprime l'empoisonnement,
est, d'après M. Chapel dont l'autorité est incontesta-
ble en la matière, moins coûteux que l'ancien ; il a
en outre le grand avantage de pouvoir être employé
en toute saison, tandis que la vulcanisation au sulfure
de carbone n'est possible qu'en une salle non chauffée.

C'est donc en grande partie la routine — cette
routine qui se dresse à chaque instant devant les
réformes exigées par l'hygiène — la vraie respon-
sable des intoxications dans l'industrie caoutchoutière.

Lorsque la loi assimilera les maladies professionnelles aux accidents du travail, il est à prévoir que
l'emploi du sulfure de carbone sera abandonné. Le

3

taux des assurances frappant les industriels dimi-
nuera d'autant par ricochet. Et puisque notre sujet
nous a conduits à nommer cette loi tant désirée sur
l'assimilation des maladies professionnelles aux accidents du travail, mentionnons l'opinion de M. Iung,
directeur de la *Société industrielle des téléphones*,
et membre de la *Chambre syndicale du caoutchouc*,
sur l'utilité de l'extension du risque professionnel aux
maladies. Cette opinion d'un grand industriel mérite
d'être offerte en exemple aux patrons routiniers,
adversaires de la loi.

« Dans une intéressante et chaleureuse improvisa-
tion, dit le *Compte Rendu des travaux de la Chambre
syndicale du caoutchouc*, M. Iung appelle l'attention
de ses collègues sur l'idée humanitaire qui doit diri-
ger l'examen de cet important problème (ladite loi).
Il ajoute qu'une loi sur les maladies professionnelles est la *suite naturelle* et le *complément logique* de
la loi sur les accidents du travail. *Il exprime l'espoir
que cette nouvelle loi, qu'il croit nécessaire, déter-
minera les industriels à prendre partout les mesures
de préservation, de protection et d'hygiène qui atté-
nueront les causes des maladies professionnelles, qui
ne sont généralement pas niables.* »

Des statistiques produites au *Congrès d'hygiène
de 1901* ont montré toute l'étendue de l'intoxication
sulfocarbonique dans l'industrie caoutchoutière
mondiale. En France, il serait plus difficile de pro-

duire des chiffres exacts ; une grande partie du personnel se renouvelant fréquemment dans les usines. D'après des recherches en Belgique, dit en substance M. le Dr Glibert dans un intéressant rapport du Congrès, la fabrication des objets en caoutchouc nécessitant l'emploi du sulfure de carbone groupe environ 250 personnes, dont la moitié est exposée. Sur 100 personnes, en une année, *seize* auraient été atteintes de sulfocarbonisme.

L'incapacité de travail frappant les intoxiqués serait de 20 mois sur 120.

Pour conjurer le danger, le rapporteur a demandé que l'aération et la ventilation des ateliers fussent parfaites, que l'emploi des femmes et des enfants fût rigoureusement interdit dans les ateliers, que tous les séchoirs où la présence de l'ouvrier est nécessaire fussent transformés.

Mais la mesure urgente qui s'impose, c'est la substitution d'un produit inoffensif au sulfure de carbone, réforme possible — nous l'avons vu — de l'avis même des industriels intéressés et des savants.

EMPOISONNEMENT
PAR LES CARBURES D'HYDROGÈNE
(HYDROCARBURISME)

On entend par hydrocarburisme les affections causées par certains carbures d'hydrogène : benzine, nitrobenzine, aniline, pétrole, goudron, essence de térébenthine, alcool, essences odorantes. Parmi ces substances, les unes occasionnent chez les ouvriers de graves désordres, les autres de légères indispositions seulement.

Nous ne parlerons ici que des intoxications dangereuses.

La distillation du goudron provoque le dégagement de vapeurs d'ammoniaque, d'acide sulfhydrique et sulfureux, d'acide carbonique, générateurs de bronchites, conjonctivites et céphalalgies.

La fabrication de la paraffine, de l'acide phénique, offre les mêmes inconvénients.

La distillation de l'essence de térébenthine provoque chez les travailleurs des maux de tête et des vomissements ; ce travail exerce une action pernicieuse sur le système nerveux.

Intoxication par la benzine (benzinisme)

La benzine s'obtient par la distillation des huiles de houille. Quand on nettoie les serpentins de l'alambic, disent les *Poisons industriels*, les vapeurs de benzine qui se dégagent peuvent provoquer de graves accidents ; elles agissent sur le cerveau, produisent l'ivresse, le délire bruyant, les crises épileptiques.

C'est la forme aiguë de l'intoxication par la benzine, susceptible d'atteindre aussi, mais plus rarement, les teinturiers dégraisseurs.

Intoxication des teinturiers

Les teinturiers emploient les composés d'arsenic pour la préparation des mordants, les couleurs d'aniline pour la teinture, et la benzine pour le dégraissage.

Les produits arsenicaux, les matières colorantes, provoquent chez eux des éruptions douloureuses. La benzine a une influence néfaste sur le cerveau ; elle produit des vertiges, l'ivresse parfois complète, des troubles mentaux.

Pour « détacher », les ouvriers teinturiers plongent les étoffes dans des *laveuses* renfermant de la benzine, mues à la vapeur et munies de barreaux contre lesquels viennent se frotter les vêtements. Puis les étoffes sont rincées et égouttées dans les essoreuses.

Le dégagement de vapeurs malsaines est alors très violent, surtout quand les locaux sont étroits et mal aérés ; l'essoreuse en mouvement projette dans l'atmosphère une grande quantité de benzine. Les *dégraisseurs*, qui pratiquent l'essorage à la main, sont encore plus exposés, en raison de l'effort musculaire qui rend la respiration plus rapide, provoque l'essoufflement et augmente ainsi l'inhalation de vapeurs nocives.

Une invention toute récente fait ou fera diminuer la fréquence des malaises et maladies provoqués par la benzine. M. Barbe est l'inventeur d'un appareil qu'il a décrit dans une conférence faite à Lyon, le 22 janvier 1905, sous les auspices de la *Chambre syndicale lyonnaise des maîtres teinturiers-dégraisseurs*. Sa machine recueille toutes les vapeurs de benzine, au fur et à mesure de leur production, les liquéfie par réfrigération et les rend de nouveau utilisables. Une économie notable est ainsi réalisée, puisque la perte de benzine, qui était autrefois de 38 %, ne dépasse plus 3 ou 4 %. Les dangers d'incendie, nombreux par l'emploi d'une substance aussi inflammable que la benzine, sont combattus par la nouvelle machine, productrice d'acide carbonique, lequel rend impossible toute combustion dans l'appareil.

Mais son prix élevé n'en permet l'emploi que dans les grandes teintureries, où, malheureusement, il restreint la main-d'œuvre.

Signalons, d'après le *Moniteur de la Teinture*, une nouvelle maladie qui serait apparue dans un grand nombre de teintureries allemandes. « L'affection, dit le *Moniteur*, se manifeste sous forme de pustules plus ou moins douloureuses qui couvrent les bras, les mains et les autres parties du corps exposées pendant le travail. »

Les médecins chargés d'étudier cette maladie et d'en trouver la cause, l'attribuent au traitement de la laine par le *bichromate de potasse* après la teinture. On a recommandé de laver à fond la laine triée au chrome.

Intoxication par la nitro-benzine

La nitro-benzine est un mélange de benzine, d'acide sulfurique et d'acide azotique. Ces trois substances sont agitées en un récipient soigneusement clos ; cependant quand la nitro-benzine est décantée et distillée, il se répand dans l'air des émanations qui provoquent la céphalalgie, les vertiges, l'ivresse. Les vapeurs d'acide azotique ont une action néfaste sur les poumons et le cerveau

Intoxication par l'aniline (anilinisme)

L'aniline brute est produite par une combinaison de nitro-benzine, d'acide acétique et de tournure de fer que l'on distille. La nouvelle substance, débarrassée de l'eau qu'elle contient, est *l'huile d'aniline ;* combinée avec l'acide arsénique, elle forme la *rosaniline arséniatée,* qui sert à fabriquer toutes les variétés de couleurs. Combinée avec l'acide chlorhydrique et séparée souvent incomplètement de l'acide arsénique qu'elle contient, elle devient la *fuchsine.*

La fabrication de ce produit chimique est des plus dangereuses, parce qu'elle expose les ouvriers aux atteintes de *l'arsenicisme,* et aussi de l'anilinisme : convulsions, délire, tremblements, troubles gastriques et anémie parfois mortelle.

Le 26 mai 1903, le Conseil fédéral allemand signa une remarquable ordonnance sur l'exploitation des fabriques de couleurs. Entre autres obligations hygiéniques, les industriels doivent fournir un bain chaud *quotidien* à leur personnel, le médecin doit passer la visite des ouvriers tous les deux jours ; ceux-ci ne sont d'ailleurs embauchés que munis d'un certificat médical attestant leur immunité sanitaire.

LES PNEUMOKONIOSES

(Affections pulmonaires provoquées par les poussières)

Les *pneumokonioses* sont des affections pulmonaires causées par l'inhalation des poussières ; elles tuent chaque année des milliers de travailleurs. La fabrication des meules, de la porcelaine, de la faïence, de la poterie, de la chaux, du ciment ; la taille du verre, des pierres, le travail à la meule, l'extraction du charbon, l'empaquetage et le cassage du sucre, la meunerie, la boulangerie, le peignage, le cardage, et le tissage du lin, du chanvre, du coton, le travail de la laine, de la soie, des plumes, poils, nacres (nomenclature du rapport Breton) ; le battage des tapis, cardage des matelas sont générateurs des pneumokonioses et pourvoyeurs de la phtisie. Parmi ces professions si diverses, c'est le même cri, la même plainte que nous avons recueillis de la bouche des travailleurs : hygiène insuffisante, ventilation défectueuse, absence presque complète d'appareils protecteurs.

L'HÉCATOMBE DES MEULIERS

La fabrication des meules de moulins apparaît comme un des métiers les plus dangereux que l'homme puisse exercer. Les ouvriers qui taillent les pierres meulières respirent une atmosphère chargée de poussières nocives et succombent dans une proportion effrayante. A la tribune de la Chambre, le docteur Desprès, député de la Seine, s'appuyant sur les travaux du Dr Napias, déclara (séance du 3 juin 1893) : « *Il existe une maladie bien plus grave que le saturnisme : c'est la phtisie des aiguiseurs de meules, profession qui est pratiquée principalement à La Ferté - sous - Jouarre.* **Les ouvriers qui s'adonnent à ce métier dès l'âge de 15 ans, sont phtisiques à 30 ans, dans la proportion de 8 sur 10.** »

Nous voudrions retracer la vie de ces travailleurs, qui ne peuvent accomplir un métier moins meurtrier, puisque nulle autre industrie n'est établie dans leur ville, et sont ainsi obligés de troquer leur existence contre un morceau de pain, chichement pesé.

Comment on fabrique les meules à moulins

Les départements de Seine-et-Marne et d'Eure-et-Loir offrent une variété de silex universellement réputée, la *pierre de Jouarre*, qui sert à la fabrication des meules de moulins. Les carrières les plus connues sont celles de la Ferté-sous-Jouarre (Seine-et-Marne) et d'Epernon (Eure-et-Loir). Elles présentent trois couches minérales bien différenciées : 1° du sable, 2° une pierre tendre surnommée « caoutchouc », 3° la *pierre meulière* par excellence, dont la grande dureté fait la valeur. Tous les jours des sondages sont entrepris, à l'effet de découvrir de nouvelles carrières, véritables mines d'or pour leurs propriétaires qui, seuls maîtres de cette industrie, transforment la pierre extraite en meules montées, toutes prêtes à moudre le grain et à être expédiées dans le monde entier.

Autrefois, de petits exploitants possédaient chacun une ou deux carrières qu'ils mettaient en valeur. Deux grandes maisons ont absorbé les anciennes exploitations et racheté les carrières. Petits chantiers et petits patrons ont disparu ensemble.

La pierre meulière s'extrait des carrières soit avec des pics, soit au moyen de la poudre noire. Sur le lieu même d'extraction, les *piqueurs* dégrossissent les masses de silex qui sont transportées, suivant leurs dimensions, à Epernon, où l'on fabrique de grandes meules à blé, à la Ferté-sous-Jouarre, où l'on fabrique les petites meules à graines.

Sur les carrières même, on taille, dans la pierre dénommée *caoutchouc*, la partie centrale de la meule, le boîtard octogone qui présente au centre une ouverture appelée *œillard*. Dans les chantiers, les ouvriers *fabricants* taillent les panneaux de silex en forme de parallélogrammes arrondis qui, cimentés entre eux et maintenus par des cercles de fer, sont disposés autour du boîtard pour former la meule. Sur la tranche de la meule ainsi construite, les *dresseurs* creusent alors des encoches. Ces encoches ou rayons forment cisailles au moment de la mouture ; elles broient le grain. De plus, les rayons aèrent la pierre qui, sans eux, s'échaufferait par le frottement et enflammerait les graines. Il ne reste plus qu'à *charger* la meule, c'est-à-dire à en augmenter le poids par l'adjonction d'une couche épaisse de ciment.

Comment le meulier est mortellement atteint

L'ouvrier descend aux carrières à l'âge de 16 ans environ. Avant l'application de la loi sur le travail des mineurs, des enfants plus jeunes encore descendaient dans les fosses. L'apprenti commence à tailler des boîtards dont la pierre dégage une poussière qui se dissémine à tous les vents ; en raison de cette dispersion, elle n'est point trop à redouter. Le salaire est payé en raison des dimensions de la pièce fabriquée ; il s'élève à 2, 3 ou 4 francs pour un boîtard qui aura demandé une journée, une journée et demie ou deux journées de travail. Après un an ou dix-huit mois, l'apprenti devient ouvrier *fabricant* et passe sur les chantiers pour y trouver presque inévitablement la mort après une quinzaine d'années.

Les chantiers — autrefois entièrement clos ! — sont de vastes hangars entourés de palissades. Le quartier de silex à travailler est placé sur un support de bois. L'ouvrier, courbé sur sa besogne, a les fosses nasales et la bouche en contact *presque immédiat* avec la pièce qu'il taille. Armé d'un burin et d'un maillet, il attaque le silex. Les éclats de pierre volent en poudre drue et enveloppent d'un véritable brouillard le visage du travailleur. La production de poussière est si intense qu'une bouteille vide, *solidement bouchée*, placée le matin auprès du fabricant, contient, après une journée de travail, une couche épaisse de poussière qui a traversé la fermeture du récipient et en a complètement recouvert le fond !

Aucune toile métallique, aucun masque ne s'opposant au passage des molécules, si ténues qu'elles traversent les plus épais vêtements, l'ouvrier les respire à pleine gorge tout le jour. On s'imagine les lésions

qu'elles produisent dans les bronches du travailleur !
Ce n'est pas tout. Le burin que l'ouvrier manie s'use
rapidement au contact du silex. En deux mois, un
outil long de trente centimètres est réduit *de moitié*.
Les particules d'acier se mêlent aux particules de
pierre et pénètrent dans les poumons du meulier qui
apparaissent à l'autopsie semblables à une râpe. Vus
aux rayons Rœntgen, les poumons de l'ouvrier offrent
l'aspect d'une masse spongieuse, difforme, littéralement hachée de coupures produites par les poussières
métalliques et minérales, qui ont agi sur les organes
à la façon du vitriol sur le visage ! Le corps de l'ouvrier présente d'ailleurs — aux poignets et aux
cuisses notamment — une infinité de pointes d'acier
piquées à fleur de peau et qu'une aiguille peut
extraire : « Nous sommes *matriculés* », nous disait
tristement l'un de ces parias de l'industrie. La vue
de l'ouvrier elle-même n'est pas efficacement proté-
gée. Les lunettes en cristal que portent les meuliers
ne s'opposent pas toujours au passage de fines
lamelles d'acier. Parfois les éclats du burin viennent
se loger dans un œil, provoquant une lésion et ébor-
gnant l'ouvrier. Enfin, après une quinzaine d'années,
la toux des phtisiques, les points de côté, la fièvre,
la perte des forces obligent le meulier à quitter le
chantier. Il s'éteint rapidement, laissant sa famille
dans la plus profonde misère.

L'industrie meulière date de la seconde moitié du

dix-huitième siècle, et les conditions du travail sont
à peine changées depuis cette époque. Entre les
poussières mortelles et l'appareil respiratoire du
meulier on n'est pas arrivé à placer un instrument
protecteur. Les chantiers ne sont pas ventilés.

Sans doute des appareils préservateurs ont été
essayés : ils n'étaient pas pratiques, gênaient la respiration de l'ouvrier ou l'incommodaient en provoquant à la face une chaleur intolérable. On a donc
rejeté ces instruments sans essayer de les perfection-
ner, et on ne les a pas remplacés.

Aucun des appareils protecteurs décrits par M. le
docteur Layet dans l'*Hygiène des Professions*, ni le
masque de Durwell, ni l'absorbant hydraulique de
Poïrel, ni les respirateurs en aluminium contenant
de l'ouate, dont nous parlons au chapitre des *Porcelainiers* (voir page 82), ne sont utilisés dans les
centres meuliers. Parfois, un ouvrier se couvre la
bouche avec une éponge imbibée d'eau ; il abandonne
bientôt ce préservatif incommode. Toute une population se meurt, et l'on ne fait pas un geste, on ne
tente pas un effort pour la secourir.

Si l'on appelait l'attention des savants sur le sort
des travailleurs meuliers, un appareil de sauvegarde
pratique serait rapidement construit. Quand une
maladie décima jadis les vers à soie, les propriétaires
demandèrent à la science un remède au mal qui lésait

leurs intérêts, et Pasteur, après plusieurs années de labeur, put donner satisfaction aux magnans. Ce que l'on a fait pour sauvegarder des intérêts pécuniaires, ne le peut-on essayer pour sauver des vies humaines ?

Ce qui reste à faire

On est généralement tenté de croire que, dans les professions très insalubres, les salaires élevés sont une compensation — bien faible — des dangers courus. Les parias de la Ferté reçoivent vingt francs pour une meule qui nécessite trois jours et demi de travail. Déduction faite des dimanches et jours fériés, les meuliers donnent leur jeunesse et leur vie pour cent cinquante francs par mois environ. Le marchandage supprimé par la loi est encore en vigueur dans l'industrie meulière : un tâcheron — intermédiaire entre le patron et l'ouvrier des carrières — retire d'autant plus de profit personnel qu'il a su mieux intensifier le rendement du travail. De plus, une retenue de deux pour cent — absolument injustifiée — est exercée sur tous les salaires, et les tailleurs de meules doivent payer eux-mêmes (55 centimes) les lunettes qui protègent — combien peu — leur vue.

Aucun syndicat, jusqu'à ce jour, n'a été fondé pour protéger les ouvriers. Lorsque l'un d'eux quitte le chantier, atteint par l'affection qui ne pardonne pas, ses camarades se cotisent aussitôt à son profit. Quand il succombe, nouvelle souscription pour donner une couronne au défunt, un secours à la veuve qui vivra misérablement en servant les riches familles qui habitent la jolie ville de la Ferté-sous-Jouarre, ou bien en travaillant à la fabrique de corsets, car les compagnies d'assurances sur la vie refusent — naturellement — de signer des contrats avec les ouvriers meuliers : on meurt trop et trop vite dans cette profession !

Une grande solidarité règne entre ces hommes misérables qui n'ont jamais trouvé jusqu'ici le moindre appui extérieur. Cette solidarité, pour être efficace, doit trouver son expression dans le syndicat. Seul le syndicat saurait émouvoir les savants, les pouvoirs publics, l'opinion, imposer le relèvement des salaires qui tendent encore à décroître et surtout les mesures hygiéniques urgentes.

PHTISIE ET SATURNISME
DES CÉRAMISTES

L'industrie de la céramique occupe une place importante parmi les métiers qui tuent. Dans ses *Traités de pathologie*, M. le professeur Layet a signalé la grande mortalité qui décime les potiers et leur descendance. Pour comprendre l'intensité de l'inhalation des poussières, une très brève description de la fabrication céramique est indispensable.

Comment on fabrique la porcelaine

La première opération est la confection de la pâte qui comprend une matière *plastique* : pour la porcelaine c'est le kaolin, et une matière *antiplastique* dégraissante, destinée à diminuer le retrait et à éviter les fissures dans les diverses opérations céramiques : c'est le feldspath et le quartz. Ces substances, broyées et lavées, sont mélangées au kaolin, manipulations qui disséminent dans l'atmosphère de nombreuses poussières. Le produit obtenu, réduit en poudre, plongé dans l'eau, forme la barbotine. Raffermie, débarrassée de l'eau qu'elle contient, malaxée, coupée, enfin *pourrie* par une longue exposition à l'humidité, la barbotine devient la *pâte à porcelaine.*

Le porcelainier la façonne sur le tour à l'aide d'une éponge mouillée et d'instruments en bois ou en corne. La poussière tombe dru pendant ce travail ; les porcelainiers l'aspirent à pleine gorge.

Les *mouleurs,* qui versent la pâte dans un moule en plâtre, ne sont pas moins exposés. Le dégagement de poussière se produit, aussi intense, lorsque l'on pratique le coulage direct de la barbotine dans les moules. Ce sont des femmes qui accomplissent cette besogne, comme d'ailleurs — par mesure économique — un grand nombre d'autres travaux céramiques.

Toutes les opérations consécutives, dénommées *rachevage,* sont insalubres. Elles ont pour but d'enlever aux pièces leur excédent d'épaisseur ou leurs aspérités. Lorsque les pièces ont été sculptées, on les imperméabilise par l'apposition d'une glaçure transparente dite *couverte* et formée de kaolin, de feldspath, de quartz et de potasse, en poudre fine délayée dans l'eau. Des ouvrières brossent avec des plumeaux les pièces enduites de glaçures et absorbent en quantité des molécules nocives.

Mais l'opération la plus insalubre est réservée aux

polisseurs qui grattent sur les pièces achevées les bavures de la glaçure. Un nuage poussiéreux les enveloppe : *aucun polisseur n'est indemne d'affections pulmonaires.*

La pâte à porcelaine, ainsi travaillée, est placée dans des étuis nommés *cazettes* et cuite aux fours. Les poussières se répandent dru pendant le chargement des fours, pendant le défournement, et en quantités effroyables lorsqu'on époussète les cazettes.

M. le Dʳ Lemaistre, professeur à l'Ecole de médecine de Limoges, a établi que les épousseteuses de porcelaine respirent *640 millions de molécules poussiéreuses* par mètre cube d'air. L'atmosphère dans laquelle travaillent les finisseurs qui enlèvent l'excès de glaçure aux pâtes contient *680 millions de molécules poussiéreuses* par mètre cube d'air.

Devant de pareils chiffres, il ne faut plus s'étonner de la mortalité qui décime les porcelainiers. Sur 75 décès enregistrés à Limoges parmi ces ouvriers, 38 sont dus à la phtisie. En 1888, M. le Dʳ Raymondaud, professeur à l'Ecole de médecine, examine 30 porcelainiers ; 20 sont atteints de consomption pulmonaire et 2 de pneumonie. Et sur **100 décès** *constatés parmi les polisseurs et useurs de grains,* **90** *sont causés par la phtisie !*

Pas de mesures préservatrices

Essaie-t-on de soustraire les porcelainiers à l'action mortelle des poussières ? Les intéressés ont répondu eux-mêmes à cette question dans leur organe corporatif, le *Réveil de la Céramique*, de Limoges (août et septembre 1905).

L'atelier où des centaines de tuberculeux ont vécu, écrit en substance *Un Céramiste*, n'est jamais désinfecté, jamais lavé même, *balayé en moyenne tous les huit jours !* Certains, où la poussière s'élève en brouillard suffocant, ne sont aérés que par un simple vasistas. Quant au plancher, il est fait d'un pavage mal joint de cazettes hors d'usage, véritables réceptacles à poussières. C'est parmi un épais nuage de poussières qu'œuvre le malheureux porcelainier et l'ouvrière, sa sœur de misère et sa compagne de phtisie. Après une journée de labeur, les vêtements de l'un et de l'autre sont recouverts d'une couche poussiéreuse haute de plusieurs millimètres. Voyez le défilé des ouvrières qui comptent plusieurs années de séjour à l'usine. Blêmes, amaigries, portant vingt ans de plus que leur âge, la mort précoce guette ces victimes de l'imprévoyance et de l'incurie industrielles. Les chauffeurs et défourneurs ne sont pas mieux partagés. Mal protégés par des capotes militaires hors service, ils descendent du four si trempés de sueur, qu'on les croirait sortis d'un bain. Sans transition, ils s'exposent à l'air vif, au froid, n'ayant à leur disposition ni un local pour y sécher leur corps, ni un vêtement de rechange.

Avec admiration, *Un Céramiste* signale le cas de *quelques rares patrons* qui ont établi des appareils ventilateurs dans les ateliers. De telles révélations sont stupéfiantes. Le statu quo ne peut durer. Il faut exiger dans les ateliers céramistes l'expulsion des poussières par une énergique ventilation et le port de masques respirateurs-protecteurs pour les ouvriers et ouvrières.

Il a été construit — à ce dernier usage — plusieurs masques très pratiques. L'*Association des Industries de France contre les accidents du Travail* avait ouvert, il y a quelques années, un concours d'appareils protecteurs. Deux masques retinrent son attention : celui de M. le Dr Detroye, médecin-vétérinaire à Limoges, et celui de M. le Dr Detourbe.

Les deux appareils sont en aluminium. Le masque Detroye se compose de deux parties. L'une emboîtant le nez, est percée de petits trous formant grillage et contient une couche filtrante d'ouate. L'autre partie enveloppe la première, en laissant un espace libre. Les poussières sont arrêtées et recueillies sur la ouate, qui se remplace à volonté. Une bordure en caoutchouc facilite l'application du masque sur le visage, une soupape permet la sortie de l'air expiré.

L'appareil ne pèse pas plus de quinze grammes. Un second respirateur, à peu près semblable au premier, s'applique sur la bouche. Le respirateur Detourbe, fort pratique, est aussi très recommandable. Si l'usage des deux respirateurs était général dans tous les ateliers de porcelaine, que de vies seraient épargnées !

Ce n'est pas seulement les pneumokonioses qui terrassent les porcelainiers. Le saturnisme cause également ses ravages dans cette industrie. Deux variétés de porcelaine, la porcelaine anglaise et la porcelaine tendre sont couvertes d'une glaçure contenant du plomb.

La chromolithographie céramique utilise un émail colorant qui contient 60 % de plomb. Les poussières, durant la dangereuse opération du poudrage, se répandent en grand nombre et l'intoxication saturnine qui en résulte a déjà provoqué de nombreux décès parmi les ouvrières.

Le vaillant secrétaire de la *Fédération nationale de la céramique*, M. Jacques Tillet, qui a bien voulu aider de son expérience professionnelle la documentation de cette étude, évalue à 1.280 le nombre des ouvrières employées à la chromolithographie céramique à Limoges ; 300 d'entre elles exécutent le poudrage à sec. Le lait qu'on leur distribue ne peut neutraliser les effets du poison.

Rien ne serait plus facile pourtant que d'épargner à tant d'ouvrières le martyr du saturnisme. Un cliché en cuivre, empreint d'une pâte colorée, reproduirait les dessins sur des feuilles de papier *ad hoc* ; celles-ci seraient appliquées sur la porcelaine et ainsi serait supprimé le néfaste poudrage à sec.

Chez les faïenciers, potiers et briquetiers

La faïence est un composé d'argile figuline, de marne argileuse et de sable. Ces substances sont intimement liées, pulvérisées, puis pétries : « Travail des plus fatigants — dit le Dr Paté dans sa thèse : *La phtisie des faïenciers*, citée par le Dr Courtois-Suffit, — il astreint l'ébaucheur à appliquer la motte de terre devant sa poitrine, et chaque inspiration amène la poussière dans ses bronches ». Les mouleurs qui façonnent la pâte et les tourneurs qui donnent une forme à la pièce de faïence sont tous, après quelques années, atteints d'une affection des bronches. L'*enfournage* et le *défournage*, le *brossage* des cazettes et des pièces sont éminemment dangereux en raison de l'émission active de poussières et de l'action néfaste du plomb contenu dans l'émail. Celui-ci est fait de 44 parties de *calcine* (mélange de plomb et d'étain, employé également à l'émaillage des métaux, pour le plus grand dommage des ouvriers) ; de 2 parties de *minium*, de 44 de *sable de Decize*, de 8 de *sel marin* et de 2 de *soude*.

Ces différents produits sont mêlés à la pelle, d'où exhalaison de poussières toxiques. Les décorations sur émail s'exécutent également à l'aide de composés plombiques.

Les vernis qui recouvrent les poteries ordinaires sont des *oxydes de plomb*. Autrefois ces oxydes étaient employés sous forme de *poudre ;* des parcelles de plomb n'étant point vitrifiées complètement durant la fusion, le vinaigre, à l'usage ménager, attaquait les poteries ainsi vernies ; il en résulta de nombreux empoisonnements. On interdit l'emploi à *l'état pulvérulent* des vernis plombiques; les poteries devinrent inoffensives pour les particuliers, mais la fabrication n'en demeura pas moins des plus dangereuses pour les ouvriers. Une composition sans danger, formée de *silicate de soude,* de *craie de Meudon,* de *quartz,* de *borax,* pourrait parfaitement remplacer le vernis plombique.

La Commission d'hygiène industrielle du Ministère du Commerce édictera prochainement un règlement préservatif de la santé des ouvriers céramistes. Ce règlement s'inspirera du décret allemand qui régit *l'Hygiène des manufactures de poteries et de porcelaines* et ordonne aux industriels de fournir des *surtouts* et des *capuchons* à toutes les femmes occupées dans les ateliers où s'exercent les manipulations suivantes : immersion, dessiccation des poteries récemment immergées, nettoyage de cazettes, brossage de la porcelaine, dépôt de la glaçure, peinture en majolique. Le lavage de ces effets doit être fait aux frais des patrons. Des appareils mécaniques doivent chasser les poussières et le sol doit être nettoyé avec soin. Il serait également désirable que l'hygiène dans les briqueteries fût mieux observée. Les briquetiers-potiers qui défournent les pièces sont obligés de se tailler dans de vieilles chaussures des gants primitifs pour protéger leurs mains des brûlures profondes. Ne pourrait-on obtenir des gants protecteurs, le nettoyage fréquent des ateliers, et l'établissement de latrines qui font presque partout défaut ?

MALADIES ET INTOXICATIONS
DES VERRIERS

L'industrie du verre pouvait compter autrefois parmi les plus insalubres. Le *soufflage* du verre, à l'aide de la canne à bouche, épuisait les ouvriers et les préparait à la phtisie. La canne était aussi un parfait véhicule de contagion. Le soufflage à la machine eut pour effet d'assainir quelque peu l'industrie du verre. Mais il n'est pas encore généralisé, et dans plusieurs verreries nous avons vu les cannes, à peine nettoyées, confiées à des ouvriers de passage et repassées de bouche en bouche sans avoir subi la plus élémentaire désinfection. La syphilis se propage ainsi parmi les verriers. Mais en ce cas, la responsabilité patronale est engagée (*arrêt du tribunal de Montbrison, 21 février 1903*). De plus, le mélange des matières premières entrant dans la composition du verre — auxquelles on ajoute des tessons de bouteilles et autres débris de verre broyés et pulvérisés — s'effectue à la pelle, d'où dégagement de poussières. La température élevée que le verrier supporte auprès des fours l'épuise ; sa vue — que protègeraient des lunettes *ad hoc* — est menacée par l'ardente réverbération du verre en fusion.

L'intoxication saturnine menace les ouvriers des cristalleries. En effet, le cristal est un composé de *sable* (60 parties), de *minium* (67), de *potasse* (30), d'*azotate de potasse* (3 à 4), de *peroxyde de manganèse* (0.025) de *débris de cristal* (160).

Comme le demande avec juste raison M. Henrivaux, directeur de la Manufacture de glaces de Saint-Gobain, il serait nécessaire d'exiger le mélange *mécanique* de la composition destinée à la fabrication du verre et du cristal. Dans le cas où la composition renfermerait des oxydes de plomb, on aurait soin d'humecter la matière, et on ne ferait jamais le travail à l'air libre, mais dans des tambours fermés.

Le cristal est taillé à la meule. Un jet de sable fin sur une plaque de fer le *dégrossit*, puis des *boues* de sable et d'émeri le *doucissent* sur une meule de bois, enfin une *potée* d'étain le polit. Cette potée contenait autrefois 62 % de plomb, mais M. Guéroult composa pour la remplacer un produit ne renfermant plus que 20 % de plomb, et par conséquent bien moins toxique ; cette invention valut au savant le prix Montyon. Le polissage se termine

par l'action de brosses sur les facettes du cristal.
Une ventilation énergique permettant l'expulsion
des poussières est indispensable pendant ces travaux fort dangereux. Est-il possible d'espérer que
les ouvriers des cristalleries seront préservés du
saturnisme, puisque déjà le cristal inoffensif à *base
de zinc* sert à fabriquer des articles d'optique et de
gobletterie renommés pour leur transparence et
leur dureté ?

AFFECTIONS DES BROSSIERS

L'industrie de la brosse fournit tous les ans à la tuberculose un nombre important de victimes. Car le brossier respire constamment des poussières animales qui enflamment tout son appareil respiratoire et produisent bronchites, pneumonies et phtisie. En outre, la redoutable maladie du charbon a frappé souvent les brossiers. L'industrie de la brosse, exercée autrefois dans la région parisienne en de nombreux petits ateliers, s'est concentrée en de vastes usines. Les centres de fabrication les plus importants sont : la région des Ardennes, des Deux-Sèvres, de Paris, de la Gironde.

Le poil du porc, dont on se sert pour fabriquer les brosses, renferme une poussière ténue qui ne disparaît jamais complètement, même après des battages prolongés. Avant la mise à mort du porc, on fait une première récolte de poils, en raclant son épine dorsale avec un crochet. La soie recueillie sur l'échine est d'une qualité bien supérieure et renferme moins d'impuretés que celle des autres parties du corps. L'animal mort, on pratique une nouvelle épilation du cadavre ; les poils ainsi recueillis sont chargés de poussières et par conséquent des plus dangereux pour le travailleur. Les soies provenant d'animaux vivants sont simplement lavées ; celles qui proviennent d'animaux abattus sont bouillies en des chaudières, puis réunies par petits paquets et expédiées aux ateliers de brosserie qui reçoivent leur matière première, non seulement de France, mais de Russie, d'Allemagne, de Chine et du Japon. Les soies d'Europe sont les plus estimées ; celles d'Asie les plus mauvaises. Pour se rendre compte de la quantité d'impuretés que renferment les soies, il suffit de frapper les paquets avec la main, un nuage de poussière s'en élève, quand bien même les poils ont séjourné dans l'atelier et ont été battus longtemps et souvent.

Dans chaque ouverture du bois de la brosse, le brossier fixe, avec de la ficelle ou du laiton, une certaine quantité de soies. Le dégagement de poussières se produit intense, au cours de cette opération, mais l'inhalation est plus grande encore lors de la préparation des *apprêts*. Préparer les apprêts, c'est mêler des soies de nature différente pour former la qualité commerciale voulue. Des marchandises chargées d'impuretés sont mêlées à d'autres, supérieures, et cette opération nécessite le

peignage des soies. Lorsque les dents métalliques
du peigne sont en contact avec la matière première,
les particules poussiéreuses emplissent l'atelier. Dans
certaines brosseries où travaillent cinq ou six
ouvriers seulement, cette opération s'accomplit dans
la cour à l'air libre, et les poumons de l'ouvrier
n'absorbent ainsi que partie des résidus. Mais dans
un grand nombre d'exploitations, ce travail dangereux se fait en salles closes et mal ventilées : là,
aucune poussière n'est perdue pour le brossier ; il
aspire et avale tout. L'intrusion de la mauvaise
soie, dite *camelote*, dans la brosserie a augmenté
l'insalubrité du métier. L'avilissement des prix a
forcé le fabricant à employer des soies pleines d'impuretés, et tandis que la fabrication de l'article
supérieur, en soie de sanglier, incommode peu
l'ouvrier, la confection de la « brosse à trois sous »
est particulièrement néfaste à sa santé.

Lorsque, pendant toute une journée, il a respiré
les poussières, il éprouve souvent une oppression
telle qu'il lui est impossible d'absorber son repas. La
toux, les crachements continuels l'épuisent. La statistique enregistre éloquemment les effets de l'inhalation des poussières animales.

Hirt dans son ouvrage, *Krankheiten der Arbeiter*
(Maladies des travailleurs), a constaté que sur 100
brossiers malades, 28 sont atteints de bronchites,
7 de pneumonie, 49.1 de phtisie ; total 84 ouvriers

sur cent (quatre-vingt-quatre pour cent) frappés d'affections pulmonaires.

Un intéressant rapport présenté par M. le D' Roland à la Société d'hygiène de Charleville et publié en partie dans *La Préservation anti-tuberculeuse*, préconise, pour protéger les brossiers contre la maladie du charbon et l'inhalation des poussières, les mesures d'hygiène prescrites en Allemagne par les ordonnances de 1899 et 1902 ainsi conçues : « Dans les ateliers où l'on travaille les crins de cheval ou de gros bétail, où l'on prépare les soies de porc et fabrique des brosses et pinceaux, les matières premières, cheveux, soies, crins venant de l'étranger devront, *avant d'être mises en service*, être désinfectées, soit par un jet de vapeur pendant une demi-heure, soit par l'ébullition dans une dissolution de permanganate de potasse, soit par l'ébullition dans l'eau ordinaire pendant deux heures, soit par toute autre méthode qui sera proposée. Le matériel doit être aussi désinfecté et le matériel non désinfecté mis à part. Ne sont pas soumises à la désinfection les matières qui ne peuvent être assainies sans éprouver de graves détériorations, ou les matières qui ont subi dans leurs pays d'origine un traitement approprié : dans ce dernier cas, un certificat doit accompagner les marchandises. On ne doit, avant la désinfection, faire subir aux cheveux, soies, *aucune manipulation*, si ce n'est celle qui consiste à

classer les matières suivant les moyens de désinfection, ou à leur faire subir un traitement les empêchant de se corrompre. Les jeunes ouvriers ne peuvent être employés dans les ateliers de désinfection ou dans les ateliers où l'on manipule les matières non encore désinfectées. Le patron doit veiller à ce que les ouvriers ayant des blessures, notamment au cou, à la figure, aux mains n'y soient pas occupés.

« Le patron doit tenir registre des quantités de cheveux, soies de porc, qui lui sont amenées de leur lieu d'origine, de la durée et du mode de désinfection ; il doit conserver les certificats de désinfections opérées dans les établissements publics, afin de les présenter à l'inspection.

« Les stocks de marchandises non désinfectées ou dispensées de la désinfection doivent être gardées dans des vases ou dans des locaux séparés et bien clos. Ces locaux, ainsi que les passages qui y conduisent, doivent être tenus en parfait état de propreté ; on devra éviter autant que possible de soulever la poussière en nettoyant ces locaux.

« Des dispositions spéciales sont prises pour les ateliers dans lesquels on occupe un personnel de plus de dix personnes. Le plancher doit être plein et imperméable. Les plafonds badigeonnés au lait de chaux.

« Des vêtements et coiffures de travail seront donnés aux ouvriers. Les machines servant au nettoyage et au démêlage seront enfermées dans des boîtes hermétiquement closes, et des ventilateurs chasseront les poussières, qui seront brûlées. »

Mais toutes ces mesures d'hygiène, ce n'est, hélas ! qu'en Allemagne qu'on les applique.

LES TRIEUSES ET LES EMBALLEURS
DE CHIFFONS

Les menus objets qui remplissent la caisse aux ordures ménagères : les os, les chiffons poussiéreux, souillés par tous les contacts, vrais nids à microbes, reviennent à l'usine et retrouvent un nouvel emploi. Mais de la poubelle à la manufacture, les débris passent en un grand nombre de mains : des ouvriers classent les chiffons, d'autres les emballent, ces besognes mettent en liberté une poussière abondante des plus néfaste à la santé du personnel qu'elles exposent à contracter la variole ou toute autre maladie contagieuse.

L'industrie du chiffon est fort importante à Paris. Lorsque le *biffin* a fini sa tournée, il apporte au marchand ses trouvailles : les morceaux de laine dits *mérinos* lui sont payés de 40 à 50 centimes le kilo ; les chiffons blancs en toile, 20 centimes le kilo ; les os de forme régulière à surface polie, 14 à 20 centimes le kilo (ils servent à la fabrication des bou-

tons de manchettes, des tabatières), les os non dégé-
latinés, 5 centimes le kilo. Les chiffonniers et les
ouvriers qui manipulent les os provenant d'animaux
charbonneux sont exposés à contracter la terrible
septicémie (voir page 120).

Le marchand en gros procède au tri des chiffons
qu'il fait classer par qualités et couleurs. Des femmes sont surtout employées à cette besogne : certaines maisons occupent trois ou quatre cents ouvrières. Elles travaillent sur des grilles rectangulaires
d'une longueur d'un mètre environ, percées de petites ouvertures carrées rapprochées les unes des
autres. La poussière qui s'échappe des chiffons tombe
dans les ouvertures de la grille, mais elle se répand
aussi dans la salle de travail. Les ateliers des maisons importantes sont en général spacieux, les salles
de tri ont les dimensions convenables ; des fenêtres
en permettent l'aération fréquente. Le danger n'en
demeure pas moins grave pour les ouvrières, qui
respirent fatalement les miasmes émis par les chiffons.
Mais chez les petits marchands, nombreux à Paris,
qui travaillent eux-mêmes avec un ou deux auxiliaires,
le tri s'effectue en des salles basses, étroites, où les
poussières séjournent, s'accumulent dans les encoi-
gnures et les planchers.

Les chiffons classés sont remis aux emballeurs qui
les soumettent à l'action de la presse hydraulique et
cerclent ensuite les paquets. Les emballeurs respirent

une quantité de poussières moindre que les trieuses, car les presses sont entièrement closes. Toutefois l'emballage a lieu généralement au rez-de-chaussée, parfois même dans la cave des maisons, d'où aération insuffisante. Un grand nombre d'emballeurs se rendent au domicile des marchands qui trient eux-mêmes les chiffons ; ils enlèvent les marchandises sur place. C'est là un travail fort dangereux : les ouvriers empilent en de grands sacs les chiffons qui, généralement, n'ont pas été passés à la grille et renferment, par conséquent, un poids considérable de poussières.

En général, le balayage des ateliers laisse à désirer et les arrosages des planchers ne sont point suffisants. Les affections de la gorge et de la poitrine sont fréquentes chez les ouvriers et ouvrières et, dans leurs rangs, la tuberculose fait de nombreuses victimes. Dans cette corporation, les travailleurs âgés sont rares ou n'exercent que depuis peu leur métier. La propreté absolue, la ventilation, le balayage humide des locaux permettraient l'évacuation des poussières, et ces simples mesures d'hygiène scrupuleusement observées diminueraient la fréquence des maladies pulmonaires chez les trieurs et emballeurs de chiffons.

DANS L'INDUSTRIE TEXTILE

La tuberculose fait des victimes — combien nombreuses ! — parmi les travailleurs du textile. Des études remarquables : *Tuberculose et filatures de laine* (Vermersch) ; *Affections pulmonaires succédant à l'inhalation des poussières de coton* (Proust), ont montré la part énorme qui revient, dans les décès causés par la phtisie, aux pneumokonioses. Mais avec elles d'autres facteurs concourent à faire de la tuberculose une maladie régnant à l'état endémique dans les régions industrielles : le surmenage physique, la nourriture insuffisante et de mauvaise qualité, les logements insalubres. La statistique, plus éloquente qu'un réquisitoire, établit que *les départements où la grande industrie s'est implantée fournissent le taux le plus élevé de mortalité par tuberculose.*

Pour remédier à cet état de choses, ce n'est plus seulement des règlements d'hygiène qu'il faudrait édicter. C'est la question sociale qu'il faudrait résoudre.

TUBERCULOSE ET INTOXICATION
DES ÉGOUTIERS

———

Ce n'est pas une mince besogne que celle des égoutiers, chargés de nettoyer et d'assainir les villes. Pour débarrasser Paris des déjections de ses usines, de ses ateliers, de ses maisons particulières, un millier d'hommes risquent chaque jour leur vie dans les égouts, véritables intestins de la capitale. Il meurt, à Paris, 35 à 40 égoutiers par an ; sur ce nombre, les deux tiers succombent à la tuberculose.

La fréquence de la terrible maladie provient des courants d'air et de l'humidité constante qui règnent dans les galeries souterraines. Parfois l'égoutier tombe à l'eau, et s'il ne s'y noie pas, il contracte une affection pulmonaire qui le terrasse à la longue presque infailliblement. Durant toutes les phases de son travail, sa santé est menacée. En hiver, il pénètre en une atmosphère très chaude succédant sans transition au froid du dehors ; en été, c'est l'inverse qui se produit. Ces brusques changements de tempé-

rature pourraient n'être point pernicieux si l'égoutier avait la faculté de s'habiller de chauds vêtements. Mais son travail, qui s'exécute toujours avec
une grande rapidité, ne le lui permet pas et l'obli-
gation presque constante d'exécuter la besogne *en
courant* est une cause des nombreux accidents et
maladies auxquels sont exposés les égoutiers.

Le travail sous la terre

Chaque égoutier fait partie d'une équipe chargée,
dans les petites lignes, de ramasser la vase au moyen
du *rabot*, lame de tôle fixée à un manche long de
deux mètres. Quand la vase se trouve en grande quantité, deux ouvriers réunissent leurs rabots. L'un d'eux,
saisissant les manches, traîne à reculons les outils,
tandis que l'autre, accroupi et portant la lampe colza
qui éclaire les deux hommes, appuie sur le sol la
douille des rabots. Travail fort pénible en raison de
la position accroupie à laquelle les équipes sont
astreintes durant la journée entière.

Dans les collecteurs secondaires, les eaux sont lan-
cées ou retenues au moyen de wagons-vannes. Souvent l'ouvrier qui manœuvre la vanne reçoit de l'eau
dans ses bottes et sur ses vêtements. Cette aspersion
provoque des refroidissements, maladies des bronches, sans compter les rhumatismes. Dans les grands

collecteurs, le curage s'effectue par le bateau qui remplace le wagon-vanne.

Nous avons dit combien fréquentes étaient les chutes dans l'eau. Et quelle eau ! elle renferme les substances les plus variées et les plus dangereuses : non seulement les ordures ménagères répugnantes mais encore des essences minérales provenant des moteurs d'automobiles ; des alcools, des produits toxiques. De sorte que l'égoutier, assez heureux pour être repêché, assez robuste pour échapper momentanément aux effets néfastes d'un bain forcé, peut perdre la vue pour avoir eu la tête plongée dans des eaux contaminées.

Pendant des années, les grands magasins du Louvre projetèrent à l'égout les poussières provenant du battage des tapis et renfermant les microbes de toutes les maladies contagieuses ! Dans certains quartiers desservis par les collecteurs de Bièvre et de Javel, les risques sont permanents pour les égoutiers qui sont exposés au contact des substances nocives employées dans l'industrie.

On trouve dans les égouts le sable en couche épaisse ; les travailleurs l'enlèvent au moyen d'une pelle, le chargent sur wagonnets qu'ils dirigent jusqu'aux bateaux de la Seine ou du canal. Ces lourds wagonnets roulent à toute vitesse et c'est au pas gymnastique que les égoutiers, couverts de sueur, essoufflés, les suivent longtemps. Le véhicule serait impossible à mouvoir si l'allure des hommes était moins rapide. Mais ce labeur exténuant pourrait être épargné aux égoutiers si les wagonnets étaient mus par l'électricité. L'expérience en a été faite dans le collecteur du Nord, et si elle n'a pas été généralisée, il faut en attribuer la raison à l'obération des finances municipales.

Les égoutiers enlèvent aussi le sable avec des seaux d'un *regard* (bouche d'égout) à un autre regard. Les ouvriers forment la chaîne et les seaux sont passés de mains en mains ; mais pour faire parvenir à son camarade le récipient rempli, l'homme est souvent obligé de le transporter en l'appuyant sur son genou. A la longue, le genou s'ankylose et la jambe refuse le service. Pour éviter ces accidents, un ingénieur, M. Legouez, avait obtenu la pose de fils d'acier sur lesquels glissaient les seaux. Mais on abandonna ce système qui protégeait la santé des ouvriers, parce que le transport des sables était devenu plus lent qu'autrefois.

La mortalité chez les égoutiers

Pour être égoutier il ne faut pas avoir plus de 35 ans. Durant quatre mois, le nouvel embauché travaille en qualité de stagiaire. Certains trouvant le travail au-dessus de leurs forces, quittent aussitôt les

égouts. D'autres, bien qu'épuisés par le rude labeur,
ne veulent point s'avouer trop faibles, et n'abandon-
nent pas la partie. Ces pauvres gens sont des victimes
désignées d'avance à la tuberculose.

Les égoutiers sont de plus exposés à l'asphyxie ou
à l'intoxication par les gaz irrespirables ou toxiques
qui s'échappent surtout des *vieux égouts* (acide carbonique, acide sulfhydrique, sulfhydrate d'ammoniaque, etc.) ; ces gaz firent de nombreuses victimes
parmi les vidangeurs, les égoutiers, les puisatiers.

Quand nous aurons rappelé qu'aux jours de grande
pluie et d'inondation, des crues subites *entraînent*
et *noient* les ouvriers, quand nous aurons dit que
les égouts « pleurent », c'est-à-dire suintent une humidité pernicieuse, que la vase s'enflamme parfois et
que nombreux sont les dangers d'incendie, nous
aurons énuméré les principales causes de la mortalité
élevée que la statistique constate chez les travailleurs
de l'assainissement.

Bien que ce métier soit donc épuisant et des plus
dangereux, il s'est trouvé un parlementaire pour
envier et faire envier à ses collègues le sort heureux
des égoutiers ! En mars 1904, un sénateur prononçait
à la tribune ces paroles mémorables :

« *Il y a 1.200 égoutiers dans Paris, organisés en
syndicat. Ces 1.200 égoutiers, qu'on pourrait croire
astreints à un travail pénible, ont pour principale
occupation de boire et de jouer à la manille !* »

A cette surprenante déclaration, les intéressés répondirent par un magistral article paru dans le *Réveil de l'assainissement* du 1ᵉʳ mai 1904, sous la signature de A. Bisson et intitulé : « Ces veinards d'égoutiers ».

« En ce qui concerne le personnel égoutier, dit en substance M. Bisson, nous sommes non point 1.200, mais exactement 1.024. En 1902 nous étions 1.045. Et tandis qu'en 1904 la longueur des égouts atteint 1.166 kilomètres, en 1903 elle n'était que de 1.130 kilomètres, soit un service supplémentaire de 36 kilomètres à assurer avec un personnel diminué de 21 travailleurs. C'est dire que cette année l'on demandera aux ouvriers un effort plus considérable encore......

« Je me permettrai d'énumérer à M. le sénateur toutes les matières déversées en égouts : 1° eaux pluviales et ménagères ; 2° sables, graviers ; 3° une certaine quantité d'ordures ménagères ; 4° bêtes mortes et viandes avariées ; 5° débris et déjections d'hôpitaux et déjections de malades se faisant soigner à domicile ; 6° fœtus humains ; 7° matières fécales déversées par le nouveau système de vidange ; 8° quelques objets perdus que l'on s'empresse de tenir à la disposition de leur propriétaire.

« ...Ces matières se décomposent et entrent en putréfaction. Pour accomplir notre dur labeur, nous sommes astreints, dans un grand nombre d'ateliers, à travailler dans une hauteur d'eau corrompue qui varie de 30 à 70 centimètres. »

« On oblige les ouvriers, dit encore M. Bisson (cité par le Dr Foveau de Courmelles), à se contaminer entre eux, et la preuve, c'est qu'à chaque équipe composée de quatre, cinq et sept ouvriers et davantage, il est délivré, à titre humanitaire et gratuit, un capuchon dit *caban*, pour préserver les gardes-orifices des températures rigoureuses.

« Comme la garde des orifices se fait à tour de rôle, chaque ouvrier se voit astreint à endosser le vêtement. Mais si, malheureusement, il s'en trouve un parmi eux qui soit atteint d'une maladie contagieuse quelconque, pas assez malade pourtant pour suspendre son travail, il a 99 chances sur cent de contaminer ses camarades en leur transmettant des vêtements qu'il aura imprégnés des microbes ou des germes de la maladie contagieuse dont il est atteint. »

Dans une communication à la *Société française d'hygiène*, M. le Dr Foveau de Courmelles disait :

« Ce qui a augmenté, c'est le nombre des morts dans cette intéressante catégorie de travailleurs. Alors que pendant la période de 1886 à 1894 la moyenne de la mortalité des égoutiers (1894) n'était que *17,9 par mille*, pour la période de 1894 à 1900, qui voit le développement du « tout à l'égout », la mortalité moyenne est de *25 pour mille* avec un maximum de *36 pour mille en 1900* (document de janvier 1903) ».

Cette moyenne s'est encore accrue pour les années suivantes, comme le prouve la liste ci-dessous, dressée par le syndicat :

En 1901, il est mort 45 égoutiers et il a été relevé 57 accidents (2 à l'usine de Colombes) ;

En 1902, il est mort 32 égoutiers ;

En 1903, il est mort 38 égoutiers et il a été relevé 76 accidents ;

En 1904, il est mort 37 égoutiers et il a été relevé 65 accidents.

Ces statistiques apparaissent plus alarmantes encore, si l'on considère qu'il y a douze années à peine *il ne mourait pas douze égoutiers par an !* C'est l'effet de la manille, M. le sénateur ?

M. Jules Larminier, l'actif et dévoué secrétaire du Syndicat des égoutiers, à qui nous devons la documentation de cette étude, estime qu'un tiers de ses camarades meurent après dix ans de service, et que 3 % à peine accomplissent vingt années révolues de service et parviennent à l'âge de la retraite.

L'effrayante mortalité qui décime les travailleurs de l'assainissement diminuerait certainement si l'Administration voulait changer les ordres qu'elle a donnés à ses médecins.

Il faut bien l'avouer : l'Administration redoute de payer le salaire d'hommes malades, et lorsque ceux-ci se présentent pour la première fois à la visite, au début de l'affection, ils ne sont généralement pas « reconnus ». Lorsque leur état est devenu grave, on se résigne à leur accorder un congé dérisoire. Grâce à ce système, des affections bénignes se changent en maladies graves.

Cette barbarie n'est même point profitable aux finances de la Ville, obligée souvent de payer durant de longs mois le salaire des ouvriers malades. Pendant un an, en effet, ceux-ci reçoivent leurs appointements et sont mis à la retraite s'ils ne peuvent reprendre leur travail. Il est urgent que Paris accorde aux travailleurs des égouts tous les soins médicaux nécessaires dès le premier symptôme de maladie. L'absurde système qui consiste à éviter les dépenses immédiates en provoquant des dépenses futures a causé suffisamment de désastres. Ainsi, depuis fort longtemps, le Conseil municipal a résolu d'installer dans les égouts des rampes offrant un appui aux ouvriers lorsqu'ils sont surpris par une inondation. On n'a pas encore trouvé les crédits nécessaires pour cette réforme, et tous les ans, lorsqu'un violent orage éclate sur Paris, le courant entraîne et noie des travailleurs !

L'œuvre du Syndicat des Égoutiers

Groupés puissamment sur le terrain corporatif, les égoutiers ont pu obtenir de précieuses réformes. Fondé au mois d'août 1887 et comprenant la totalité des égoutiers parisiens, le syndicat a fait augmenter les salaires d'un tiers. Ceux-ci s'élèvent actuellement à 5 fr. 60 et 6 francs par jour (26 journées par mois), et sont insuffisants parce que beaucoup d'égoutiers sont tenus de déjeuner au restaurant, ce qui grève lourdement le budget familial. Parce qu'on défalque sur les salaires 4 % en vue de la retraite, celle-ci s'élèvera à 700 francs. Avant 1900, la retraite se montait à 500 francs, mais aucune retenue n'était prélevée. Avec raison, les ouvriers protestent contre la défalcation imposée en vue d'une retraite dont bien peu (la petite minorité) profitent. La réparation des forces dépensées en un travail pénible exige une nourriture substantielle que le bas salaire interdit. On a pu faire cette constatation que la tuberculose fauche principalement les travailleurs chargés d'enfants.

Le syndicat a fait supprimer le travail du dimanche. Il a fait réduire la journée de travail à huit heures, après une manifestation devant l'Hôtel de Ville. Il a fait payer les ouvriers malades comme s'ils travaillaient, obtenir un congé annuel à tous, et une pension aux vieux ouvriers. Il a fait donner des blouses ou vestes imperméables. Malheureusement ces vêtements, qui sont remplacés tous les 18 mois, sont usés au bout d'un semestre, et l'ouvrier en est privé durant toute une année. Avec raison, les égoutiers réclament un costume complet imperméable qui les garantirait réellement.

Le syndicat a fondé une *caisse de secours* pour les veuves, les orphelins et les veufs ; une *caisse de prêt*, un *cours professionnel*, un *service de contentieux et de défense judiciaire*.

Il a obtenu l'amélioration des conditions de travail, adouci la discipline très dure et fait supprimer les amendes.

Trois autres résultats obtenus montrent bien l'esprit qui règne dans cette organisation modèle. Autrefois les curieux qui visitaient les égouts prenaient place dans des véhicules poussés par les ouvriers. Ceux-ci ont considéré une telle besogne comme humiliante, et devant la protestation du syndicat, la traction mécanique a été substituée à la traction humaine, pour le transport des visiteurs.

Certains chefs voulurent décerner des médailles aux ouvriers tempérants. Le syndicat déclina le présent comme une insulte à la corporation.

L'organisation a fait supprimer les recommandations, les apostilles aux demandes d'emploi. Tout chômeur sollicitant un poste dans les égouts se fait inscrire au bureau des égouts. S'il remplit les conditions d'âge, de santé et d'instruction voulues, il est admis et embauché *à son tour*, suivant les vacances et sans que nul « piston » intervienne en sa faveur. Pour diminuer le nombre des noyades et pour faciliter les sauvetages en égouts, des cours de natation ont été institués par le syndicat.

Longtemps les égoutiers réclamèrent à la Ville de Paris la concession d'un terrain pour la création de leur Colonie. Longtemps la Ville fit la sourde oreille. A force d'énergie, les égoutiers obtinrent satisfaction. Le 13 juillet 1905, le Conseil municipal concéda à la société *la Colonie* un terrain d'une contenance de sept hectares dépendant de la ferme des Poissons, sise à la Ville-sous-Orbais (Marne). Désormais les égoutiers qui parviendront à la vieillesse finiront leurs jours dans la paisible campagne, cultivant la terre, au profit de leur grande famille. Plus de loyer à payer, l'intégralité de la retraite réservée à leur entretien. Nul fonctionnaire dans la colonie. Les veuves éduqueront les orphelins, et bientôt cinquante pavillons au milieu de jardins fleuris viendront attester la puissance de l'effort persévérant au service de l'ardente foi sociale.

Nous avons parlé, longuement peut-être, du syndicat des égoutiers, parce qu'il nous a semblé intéressant de montrer quels résultats peut obtenir — au point de vue de l'hygiène, en particulier — une organisation qui englobe tous les ouvriers d'un même métier. Et n'oublions pas de mentionner — au risque d'offenser sa modestie — la grande part qui revient à M. Jules Larminier, secrétaire, dans les améliorations conquises.

Avant de quitter l'assainissement, signalons une autre catégorie de travailleurs souvent frappés par la tuberculose, les ouvriers des usines d'irrigation. Les eaux des égouts sont dirigées vers des bassins où des pompes à vapeur les élèvent au plateau de Pierre-laye pour être épandues dans les champs d'irrigation. La mortalité est grande parmi les chauffeurs qui alimentent de charbon les chaudières ; ce travail péni-ble (chacun d'eux doit jeter 3.000 kilos de combus-tible dans le brasier), l'état de transpiration continu dans lequel se trouve l'ouvrier, épuisent son orga-nisme et préparent un terrain favorable à la tuber-culose.

TUBERCULOSE ET CONTAMINATION
DES TRAVAILLEURS DES BLANCHISSERIES

Lorsqu'on a étudié les agents de contagion de la tuberculose, on s'est vite aperçu que le linge était un véhicule des bacilles.

Les blanchisseurs et les blanchisseuses qui manient le linge souillé sont frappés en nombre considérable par la tuberculose. « Chargés chez les teinturiers-dégraisseurs et dans les blanchisseries, — écrivent MM. Montélimard, secrétaire du *Syndicat des ouvriers teinturiers-dégraisseurs* de la Seine, et Bustillos, secrétaire de la *Fédération des ouvriers blanchisseurs*, dans un très remarquable rapport présenté au 1er Congrès de l'hygiène — de trier et de marquer le linge sale : chemises, flanelles, caleçons, parfois infectés, les travailleurs risquent tous les jours de contracter une maladie contagieuse. Au cours de la livraison en banlieue, le linge sale est en contact avec le linge propre. Ainsi des effets ayant appartenu à des malades peuvent transmettre au linge blanchi des germes infectieux. Le défaut d'hygiène est un danger pour *la clientèle* comme pour *le personnel.* »

Les ateliers de blanchisserie et de teinturerie sont tous humides, l'écoulement des eaux ne s'accomplit qu'imparfaitement ; les ouvriers ont leurs vêtements de travail presque toujours mouillés, ce qui les rend rhumatisants de bonne heure et les expose aux refroidissements.

Un récent décret rendu par le Ministre du Commerce s'efforce de diminuer les dangers de la contamination par le linge.

Comme le demandait le Syndicat des ouvriers blanchisseurs, le linge sale ne devra être introduit dans les blanchisseries que renfermé dans des sacs ou dans des récipients soigneusement clos. Il devra être désinfecté avant le tri au moyen de l'un des procédés de désinfection indiqués par la loi du 15 février 1902 sur la santé publique. Si ces opérations ne peuvent être accomplies, du moins le linge devra-t-il être soumis à une aspersion suffisante. La désinfection demeure obligatoire pour le linge sale provenant des hôpitaux.

Les chefs d'industrie devront remettre à leurs ouvriers des vêtements de travail spéciaux, entretenus en état de propreté et rangés dans un vestiaire bien séparé de la salle de blanchissage. Le personnel ne devra pas manger dans les ateliers où l'on manipule le linge sale ; il devra prendre des soins de propreté en quittant les locaux, ce qui nécessitera l'installation obligatoire de lavabos.

Ces dispositions s'appliquent également aux ateliers de teinture et d'apprêt.

L'hygiène des ateliers de repassage laisse beaucoup à désirer ; les *repasseuses* travaillent parfois dans des sous-sols et dans des locaux où la chaleur est étouffante et la ventilation à peu près nulle. On a observé chez les *repasseuses* la forme chronique de l'intoxication par l'oxyde de carbone ; ce poison exerce surtout son influence sur les globules du sang, provoque l'anémie, les syncopes, les troubles visuels. La position verticale constante occasionne des varices aux ouvrières repasseuses ; plus de 60 % d'ouvrières de quarante ans en sont atteintes. (Rapport au 1er Congrès de l'hygiène).

LA MALADIE DU CHARBON

(Septicémie charbonneuse)

Les mégissiers, avec beaucoup d'autres travailleurs,
sont exposés à contracter une maladie terrible : *le
charbon,* communiquée aux ouvriers par les animaux
vivants ou morts. Les bergers, bouviers qui soignent
le bétail, les équarrisseurs, bouchers, ouvriers des
abattoirs qui le tuent, les tanneurs, portefaix, criniers, brossiers, trieurs de soie, de laine, trieurs d'os
et de corne, chiffonniers, qui manipulent les peaux,
les crins, les poils, la laine, le duvet des animaux
charbonneux, et même les bourreliers, cardeurs de
laine, matelassiers, fabricants de meubles qui utilisent les dépouilles animales quand elles ont subi de
nombreuses transformations, peuvent être atteints
de cette affection, souvent mortelle. Des plus fréquentes avant la découverte, par Pasteur, du sérum
anticharbonneux, elle fait maintenant encore de
nombreuses victimes, car certains animaux de pro-

venance étrangère ne sont pas vaccinés. On a incriminé également — et à juste titre — les crins de cheval provenant de l'Amérique du Sud, de la Russie et de la Chine.

Le charbon se transmet à l'homme par la voie des poussières qui se détachent des poils de la bête contaminée et pénètrent dans l'organisme humain par érosion de la peau. Parfois aussi un poil ou un éclat de corne, au cours des différentes manipulations industrielles, se fixent dans les tissus de l'ouvrier ; la maladie est alors particulièrement virulente.

Les poussières charbonneuses pénètrent aussi dans les organes de la digestion et de la respiration : dans ce cas elles occasionnent presque toujours la mort. Heureusement cette forme de la maladie, le *charbon interne*, est fort rare en France. Elle est plus commune en Angleterre et en Russie.

Dans notre pays, le *charbon « externe »* provoque des *pustules malignes* qui apparaissent d'ordinaire sur le visage. M. le docteur Le Roy des Barres, à qui l'on est redevable du traitement et de la guérison du charbon, a observé, durant 22 ans, un groupe d'ouvriers comprenant 160 criniers et 760 mégissiers. Il a constaté environ 72 cas de charbon qui entraînèrent 12 décès. A Nantes, M. Bertin constata *en moins de 3 ans*, 22 cas de charbon qui entraînèrent 5 décès. (*Les Poisons industriels*, publication de l'*Office du travail*, ministère du Commerce). Pour éviter la contagion, on a conseillé, à bon escient, la ventilation parfaite des ateliers, déterminant l'expulsion des poussières et déchets ; l'entretien des locaux dans un état de propreté constant. On a demandé l'examen attentif du bétail livré à l'industrie ; surveillance qui imposerait la vaccination préventive de tous les animaux traités, sans exception. On a prescrit la désinfection *avant manipulation* des matières animales susceptibles d'être empoisonnées. L'essence de térébenthine, l'acide phénique, l'eau bouillante ont été proposés à cet effet. Malheureusement ces procédés sont peu ou point utilisés, car l'addition de désinfectants aux peaux, poils, cuirs et cornes coûte assez cher ou gâte ces objets.

Un intéressant rapport présenté par M. Pin, délégué du Syndicat des cuirs et peaux, au premier Congrès de l'Hygiène, tenu à Paris le 29 octobre 1904, signale le défaut, dans les ateliers, de toute mesure prophylactique.

« En général, dit M. Pin, dans les ateliers des différentes spécialités de notre corporation, l'hygiène est défectueuse ; la ventilation de ceux où se produisent des poussières ou des vapeurs est insuffisante et les cabinets d'aisances sont tenus malproprement.

» L'absence d'hygiène commence dans les magasins

affectés à l'entrepôt des cuirs, peaux en laines, en poils, où l'aération, le lavage des murs, du sol n'est pas effectué ; pas plus que n'existent les moyens de protection les plus élémentaires pour permettre à ceux qui vivent dans ces locaux insalubres d'éviter la terrible maladie du charbon...

» A sa naissance, la pustule charbonneuse prend l'aspect d'une petite piqûre rouge : rien n'indique à l'ouvrier qu'il est atteint, d'où son hésitation à faire examiner le léger « bobo ». Il sait aussi que le docteur, avant de se prononcer, exige le repos, que le repos, pour l'ouvrier père de famille, provoque la famine des siens ; il en recule toujours le moment jusqu'au jour où le développement de la pustule et sa gravité mettent ses jours en danger. Il en meurt parfois.

» Si cette affection profitait du bénéfice non discuté de l'accident du travail, l'ouvrier, au moindre bouton, n'hésiterait pas à rester au repos le temps nécessaire à son examen et à sa guérison. »

Cet extrait du rapport indique une situation grave. Souvent l'homme paie de sa vie une négligence qui, en dernière analyse, ne lui est pas imputable. Il importe que l'ouvrier puisse, sans crainte, consulter le médecin dès l'apparition d'un signe suspect. Soignée à temps par le procédé du savant docteur Le Roy des Barres (compte rendu des séances du *Conseil d'hygiène publique et de salubrité de la Seine*), c'est-à-dire par « les injections iodées dans la zone œdémateuse », la maladie du charbon externe est toujours curable.

Le 3 novembre 1903, un arrêt de la Cour de Cassation proclama que le charbon doit être considéré comme un accident du travail et, par conséquent, donner lieu à réparation de l'employeur à l'ouvrier.

L'Allemagne et l'Angleterre ont édicté des règlements rigoureux pour amener la prophylaxie de la septicémie charbonneuse. Ces règlements ordonnent la désinfection des produits animaux manipulés, la ventilation des ateliers, l'installation d'appareils de toilette.

Au chapitre spécial consacré aux brossiers, nous citons une grande partie de l'ordonnance allemande : il est à souhaiter de la voir reproduite en France, dans le plus bref délai, pour le plus grand bien de l'hygiène publique.

L'ANKYLOSTOMIASE DES MINEURS

Il n'y a pas plus de vingt-cinq ans que l'on a constaté chez les mineurs d'Europe, et parfois même chez les briquetiers, une affection des plus graves : l'*ankylostomiase* provoquée par un ver : l'*ankylostome duodénal.* La présence de ce ver dans l'intestin détermine l'anémie aiguë, le dépérissement, et souvent la mort.

. La profession du mineur est, en elle-même, une des plus périlleuses qui soient : l'explosion du grisou, l'éboulement des galeries, la phtisie causée par l'inhalation constante des poussières du charbon, en une température de chaudière, menacent en tous temps la vie de l'ouvrier : l'ankylostomiase est venue s'ajouter à la horde sinistre des ennemis du mineur.

Le parasite fut communiqué aux mineurs français par les ouvriers lombards qui participèrent au percement du tunnel du Saint-Gothard (1879). Les équipes cosmopolites qui travaillèrent de concert à cette œuvre gigantesque se dispersèrent, et l'ankylostomiase fut constatée en France, en Belgique, en Allemagne et en Hongrie dès que les nationaux de ces pays eurent regagné leurs foyers. Des hommes robustes, indemnes de toute maladie apparente, étaient frappés d'un mal mystérieux, d'une anémie incurable, à marche rapide, qui les tuait en grand nombre sans qu'on pût découvrir les causes de leurs maux. Les recherches scientifiques incriminèrent enfin des vers microscopiques tapis dans les intestins de l'ouvrier qui, empoisonnant les globules de son sang par l'émission de toxines, agissent sur son organisme à la façon de milliers de tœnias (ver solitaire).

Comment l'ankylostome pénètre-t-elle dans le corps du mineur ? A l'état de larve infiniment petite que l'ouvrier aspire avec l'air de la fosse. Les larves se transforment en vers dans son intestin.

Le ver produit des milliers d'œufs que l'ouvrier rejette parmi les matières fécales, sur le sol même de la mine, dépourvue de fosses d'aisances hygiéniques ou de latrines. L'atmosphère *chaude* et *humide* de la mine provoque la métamorphose des œufs en larves qui vont à leur tour empoisonner de nouveaux travailleurs. Car il est indispensable de remarquer que le ver ne peut se reproduire dans le corps même de l'ouvrier : les œufs n'éclosent pas dans l'intestin et ils sont forcément entraînés par les résidus de la digestion. En tout autre endroit qu'une

mine ou que certaines briqueteries — chaudes et
humides — les œufs ne produiraient pas de larves.
Tout le problème consiste donc à empêcher le dépôt
de matières fécales sur le sol des mines ou à isoler
ces matières de telle façon que les émanations, chargées de larves, ne se puissent mêler à l'air libre. En
France, rien de pratique n'a encore été fait pour
obtenir ce résultat. Non seulement les larves sont
mises en contact direct avec l'atmosphère ambiante,
mais certains objets d'usage courant — bidon, pipe,
pèlerine, — certains aliments même en sont imprégnés et deviennent des agents par excellence de
contamination.

La première mesure à prendre contre le fléau doit
être adoptée par l'ouvrier lui-même. Il *doit s'astrein-
dre*, et tous les médecins lui diront que c'est facile
par quelque volonté, à satisfaire la nature avant de
descendre dans la fosse. Il paraît ensuite très possible, — en dépit de la dépense, — mais les compagnies multi-millionnaires peuvent-elles rechigner à
la dépense, lorsqu'il s'agit de sauvegarder la vie de
« leurs » travailleurs ? — d'installer dans les mines,
à endroits fixes et rapprochés, des cabines closes
et puissamment désinfectées, munies de latrines
hygiéniques mobiles telles qu'en présentent les
water-closets des trains de chemins de fer et des
baraquements provisoires (fêtes foraines, cirques,
camps, etc.) Les latrines seraient quotidiennement

hissées au jour pour être vidées et désinfectées ;
l'émission des larves serait ainsi presque complètement enrayée.

Les organisations corporatives se sont inquiétées
les premières des dispositions à prendre pour combattre le fléau. La coopérative *La Populaire*, de
Liége, a entrepris contre l'ankylostomiase une croisade efficace.

Elle a convié les mineurs à observer la règle que
nous avons indiquée, elle a exigé des installations
de propreté, et surtout *son service médical a éliminé
des mines non encore contaminées les ouvriers
atteints.*

Le Conseil supérieur de l'hygiène publique de
Belgique décréta ensuite une mesure identique :
l'exclusion des ouvriers atteints d'ankylostomiase
des charbonnages indemnes, afin de protéger les
exploitations non atteintes.

« En 1884, dit M. Duclaux, dans l'*Hygiène sociale*,
il est dans le bassin de Liége peu de charbonnages
qui ne soient frappés. Au charbonnage de Bonne-
Espérance il se trouve environ 50 malades sur 100
ouvriers pris au hasard, et parmi ceux qui se plai-
gnent, les ⅚ sont frappés. Un autre examen fait dans
la même exploitation par le Laboratoire provincial a
donné seulement 30 % d'ouvriers indemnes » (soit
70 malades sur 100 ouvriers). Les énergiques mesures prophylactiques de la *Populaire* ont eu les plus

heureux résultats. Il est désirable que les mêmes précautions soient prises dans toutes les exploitations. C'est le vœu adopté par les mineurs dans tous les congrès internationaux qui ont mis la grave question de l'ankylostomiase à l'ordre du jour, notamment au Congrès international de 1904, où M. Lamendin, député du Pas-de-Calais, présenta un rapport remarquable.

De leur côté, les savants se préoccupent de combattre le mal. En mai 1905, M. le Dr Manouvriez, de Valenciennes, fit une importante communication à l'Académie de médecine : l'ankylostomiase ne se rencontre pas dans les mines contenant des eaux d'infiltration salée (constatation faite dans le bassin houiller du Nord). Il serait logique de penser, en ce cas, que l'eau salée envoyée dans les mines pourrait désinfecter les puits contaminés et préserver les mineurs.

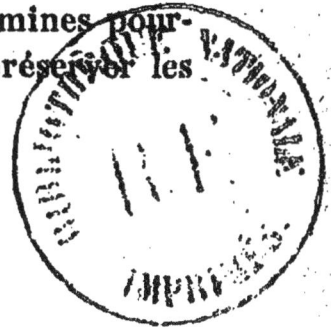

TABLE DES MATIÈRES

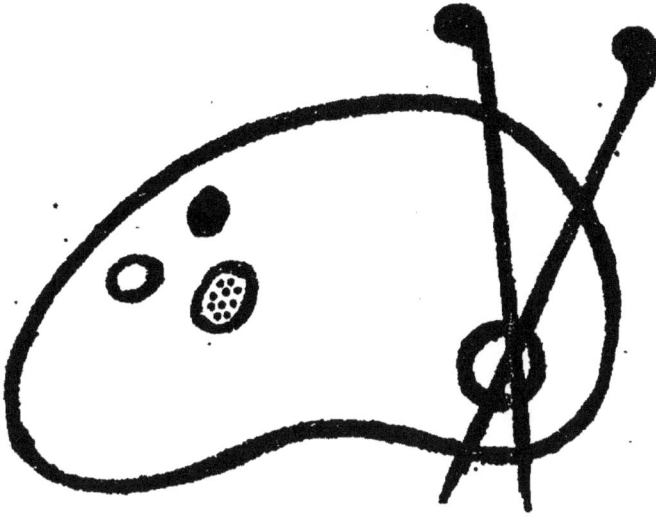

Original en couleur

NF Z 43-120-8

www.ingramcontent.com/pod-product-compliance
Lightning Source LLC
Chambersburg PA
CBHW062032200326
41519CB00017B/5010